A HANDBOOK OF RELAXATION

减压完全手册

汪龙光◎著

九州出版社
JIUZHOUPRESS

图书在版编目（CIP）数据

减压完全手册／汪龙光著．—北京：九州出版社，2008.10（2011.6 重印）

ISBN 978-7-80195-895-2

Ⅰ.①减…　Ⅱ.①汪…　Ⅲ.①压抑（心理学）—手册　Ⅳ.①B842.6-62

中国版本图书馆 CIP 数据核字（2008）第 106048 号

减压完全手册

作　　者	汪龙光　著
出版发行	九州出版社
出 版 人	徐尚定
地　　址	北京市西城区阜外大街甲 35 号（100037）
发行电话	(010)68992190/2/3/5/6
网　　址	www.jiuzhoupress.com
电子信箱	jiuzhou@jiuzhoupress.com
印　　刷	三河市东方印刷有限公司
开　　本	720 毫米 ×1020 毫米　16 开
印　　张	18
字　　数	164 千字
版　　次	2008 年 10 月第 1 版
印　　次	2011 年 6 月第 2 次印刷
书　　号	ISBN 978-7-80195-895-2
定　　价	32.80 元

前言

在阅读本书正文前，建议你先检查一下自己的生活，是否会有下面一些情况出现：

◎你是否觉得在和别人相处的时候，虽然你很真诚，可是你的人缘却不是很好？

◎你是否会感觉自己最近和最亲密的爱人总是发生争执，孩子总是不听话，老人又有那么多的事情让你头疼？

◎你是否感觉领导总是挑你的毛病，同事比你更会处理各种复杂的关系？

◎你是否总是为到底当不当“房奴”，抑或是为下个月的房贷发愁，还是为还冲动购物后刷暴的卡金而发愁？

◎你是否会因为自然灾害发生后整日心神不宁？

◎你是否总是有这样的感觉，别人也会遇到人生的低谷，可是低谷却是你整个的人生？

如果你用很多的“是”来回答以上的问题，那么，你真的是时候正视自己的内心，剖析自己的压力了。过大的压力要么让人烦躁不安，要么让人神经紧绷，就像一把小提琴上绷紧的琴弦，稍不留意，一碰即断。把骆驼压趴下的，永远是最后一根稻草。了解自身存在的压力，并且懂得如何减压，是压力人群轻松生活的必修课程。

本书以心理学理论为支撑，结合大量的生活个案，剖析了各种压力形成的原因，指出了它们的不同表现，以及操作性比较强的减压措施。按照形成压力的原因，结合人们的生活实际和认识习惯，本书将常见的主要压力分为性格压力、家庭情感压力、经济压力、职场压力、灾难压力等。

在每章的开始，都有一个和本章主题相关的测试题，你可以据此进行自我评定。带着评定的结果，再去阅读本书，从中找到心理咨询师为你量身打造的处方。

给自己减压，调节自己的生活，给心灵来一个大扫除，把积压在心里的那些杂乱无用的东西全部清除。你的心态从此会变得更加乐观、积极、充满希望。从此，你就能：

身心健康。当外界给你带来压力时，人往往会本能地产生迎战或逃避的反应。可是当你轻松为自己减压，那些因压力造成的心慌气短、语无伦次、肌肉酸疼、神情颓唐等状况就不会出现在自己身上。你看到的世界，每日都是春意盎然，鲜花开放。

人缘良好。压力使人变得敏感，一点点小事也会使你大动干戈，破坏人际关系。压力还会让人变得愤怒，使无辜者遭殃。消除了压力，与人相处时就能够面带微笑，说话轻松幽默，还能以大度的胸怀接纳不同意见。

家庭幸福。因为压力，一个小小的导火线也容易使家里充满硝烟，在不良的家庭氛围中，每个家庭成员都会成为压力和矛盾的牺牲品。消除了压力的家庭，就会成为真正的温馨港湾和安乐窝。

工作积极。适当的压力可以转化为你生活和工作的推动力，就像一匹千里马也需要扬鞭策励，才能更快奔驰。学会减压的方法，你就能承受挑战，充分发挥积极性，运用创意，尽心尽力地把工作做得好上加好。

人生快乐，顺利到达成功彼岸。人人都有追求，这种追求成为人生的使命。懂得调节自身压力的人生才能轻松、快乐。始终朝着这个目标前进时，你就会觉得你的人生是有意义有价值的。

希望每一个人都能够学会减压，给自己装个减压阀，让自己坦然面对生活和工作中的种种压力，从容地承受生活和工作中的不如意，从而“宠辱不惊，笑看庭前花开花落。去留无意，漫随天外云卷云舒”。

作者

2008年8月

目录
CONTENTS

都是认知惹的祸

看清压力的实质

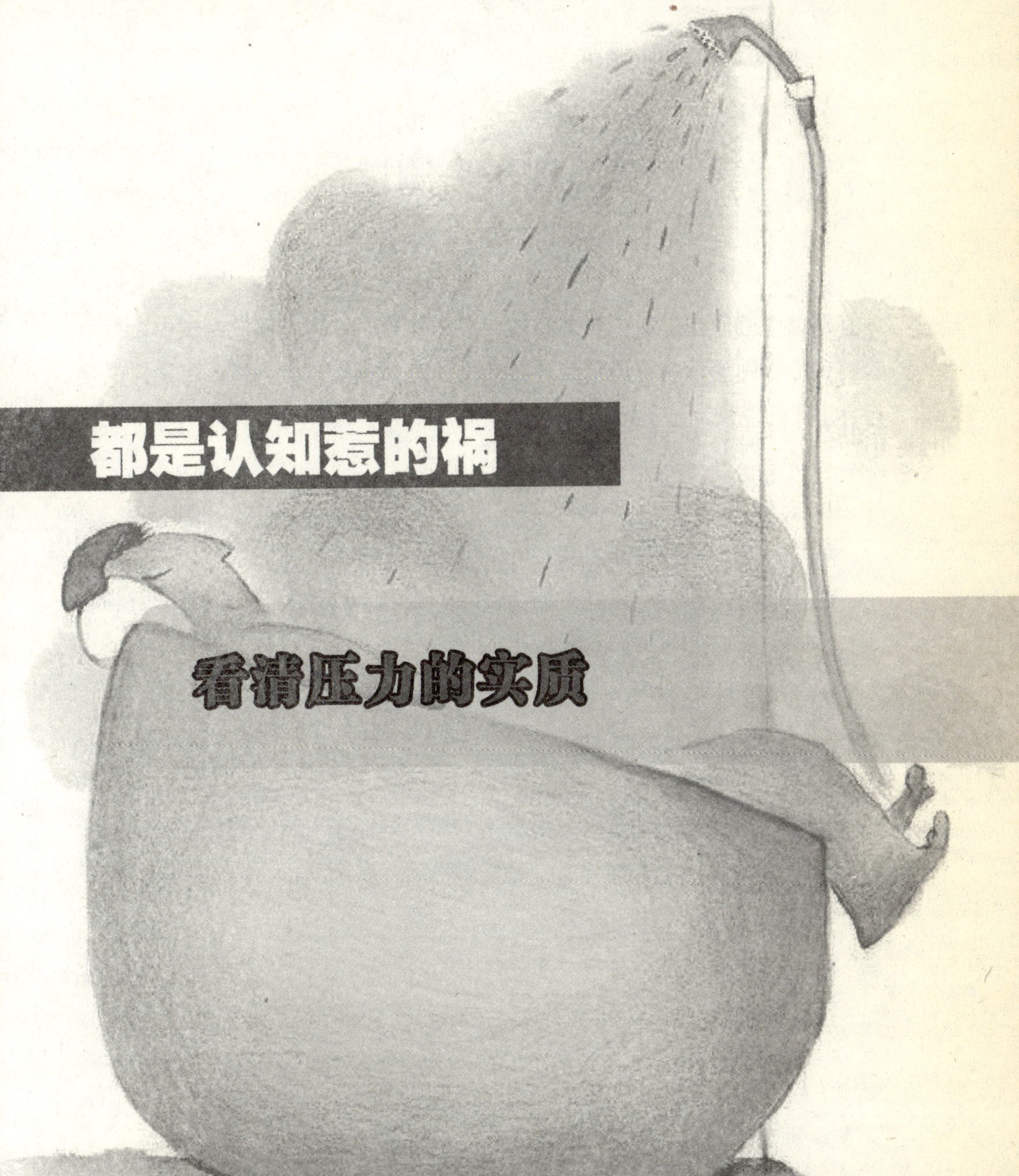

心理压力测试

你想知道你在生活中处理心理压力的能力吗？在下面的测试中，找出最接近你实际生活的一种情况。如果你没有经历过这类事情，可选择最接近你想法的一种。

1．生日、婚礼……免不了花钱。

a．你不想在这类场合出现，以免花钱买礼物。

b．尽管不少花钱，可在各种场合，你还是乐于选择小巧而特别的礼物。

c．只在对你很重要的场合送礼。

2．与别人的车相撞，你不得不与对方约个时间解决这个问题。

a．这件事引起的焦虑和不安使你失眠。

b．这并非重要的事情，只是生活中发生的许多事情中的一件。你会在问题解决之后，做点自己喜欢的事情，以便尽快忘掉那件不愉快的事。

c．开始时你不去管它，只需在解决问题的那一天到来时再想办法应付它。

3．你的家具或电器由于水管的破裂被损坏了，而且发现你的财产保险不能完全弥补损失。

a．很失望，痛苦地抱怨保险公司。

b．开始自己修复家具。

c．考虑撤销保险，并向有关事务机关投诉。

4．你由于某件生活中的小事和邻居发生了争执，却没能解决任何问题。

a．回到家，你拼命喝酒，想轻松一下，忘掉这件事。

b．准备到对方的单位告他。

c．通过散步或看一场电影来平息怒气。

5．当今日常生活中的压力使你和你的妻子（丈夫）经常发生口角。

a．每当这时，你尽力放松自己，保持沉默，不去争执。

b．你和朋友谈论这件事，使你的观点和感情得到理解。

c．寻求机会，心平气和地与自己的妻子（丈夫）谈心，看如何摆脱由于日常生活的压力而引起的争吵。

6．一个你所爱的亲密朋友准备与别人结婚了，对你来说，这是个巨大的不幸。

a．你逃避现实，使自己相信这不可能发生，因此没必要担心，于是仍然乐观地抱着希望。

b．决定不去担忧，因为还有时间去改变这个“事实”。

c．决定向你所爱的人提出你的观点，表明你的态度，严肃地向他（她）说明不该这样的理由。

7．每个人都承受着物价上涨所带来的心理上和生活上的压力，你更担心食品价格上涨。

a．尽管价格上涨，你仍拒绝改变你的饮食习惯，因此不得不花更多钱。

b．每看到价格上涨，你的怒气就会大增，但不管怎样还是要买，甚至拼命抢购，因为担心还会再涨价。

c．设法少花钱，制订一个营养而又实惠的食谱。

8．终于有一天，你的能力被人们认识到并被赋予一项重要的工作。

a．你考虑放弃这次机会，因为工作量太大。

b．开始怀疑自己是否能承担这个重要的责任。

c．分析这项工作对你的要求，并为从事这一工作作各方面的准备。

9．你猜想你的房租或一些其他的每月必须支付的款项会增加。

a．每天急于收信，以便从朋友那里早点确认上涨的信息。只有没信时才有所放松。

b．决定不被这次涨价所吓倒，你计划着怎样应付这种状况，如换房、采取节约措施等。

c．你觉得每个人都处在同样的状态中，因此逃避现实，被动地等待，认为自己总会应付得了。

10．你的一个非常亲近的人在事故中受了重伤，你从电话里得到了这个消息。

a．努力压抑住自己的感情，因为你还要把这一消息告诉其他的朋友和亲戚。

b．你挂断电话，哭起来，让悲痛尽情地发泄出来，使心里好受一些。

c．去医务室向医生要一些镇静剂，帮助你度过以后的几个小时。

11．每个节假日，家里总为去探望双方的父母而发生激烈的争吵。

a．你制订了一个严格的五年计划，要求在节假日轮流探望双方的父母。

b．决定在重要的假期与自己最喜欢的家庭成员一起度过，而在不太重要的假期邀请其他的人。

c．决定做最“公平”的事，根本不与家里老人、亲戚一起度假。这样麻烦最少。

12．有一天你突然感到不舒服。

a．读一些有关医学书，进行自我诊断、自我治疗。

b．鼓起勇气，告诉家里人，并去医院看病，希望得到医生的帮助。

c．拖着不去看病，认为自己最终会好起来。

13．你最小的孩子离开家走入社会，这意味着家里只剩下你和你的配偶。

a．与朋友谈论家中的这一变化，看看他们是怎么应付这一变化所带来的各种不适应的状况。

b．尽可能地帮助别人并为自己寻求新的兴趣爱好。

c．想告诉孩子们，希望他们多在家里待一段时间，陪陪自己。

评分标准：

根据你的做法或想法作出选择，按下面的方法给你的答案打分。

问题 1 ～ 3：a=3，b=1，c=2

问题 4 ～ 8：a=3，b=2，c=1

问题 9 ～ 13：a=2，b=1，c=3

得分分析：

你的总分越低，说明你处理问题的能力越强。如果你的得分为 21 分或更少，那么下面的建议对你来说可能是很正常的行为，也就是说，你很会处理问题，心理压力不大，或许，你还可以教其他人如何平静下来，减少心理压力。如果你的得分高于 21 分，这里有一些建议，可以有效地帮助你处理好心理压力，减少因心理紧张而导致的身心疾病的发生。

看清压力的实质

一、关于“度”的问题——分辨压力的性质

何谓“压力”呢？压力在心理学中叫做应激，许多书籍、医学报告、杂志与报纸上的论文，几乎找不到比较严格的定义，更无统一的定义。

简单地理解，来自方方面面且通过让人紧张来改变人体身心的无形的力量，就是“压力”。

人人都有压力，但是压力有个“度”的问题。

适度的压力能激励人、鼓舞人。

适度的压力让人振奋，促进人们注意力的集中、提升工作的动机、引发正向情绪（如兴奋）、增加成功后的成就感等。比如在一个团体中，大家的工作业绩都较为突出，作为一直平庸的你，就有了改变自己、奋起直追的压力。在这种压力下，你会思考自己的不足，找到改进的办法，制订努力工作的计划。在这样的心理驱使下，你会明显进步，得到大家和上司的认可。

让人承受不了的压力是过度的压力。

比如一对意欲结婚的男女，无房又缺钱，不得不通过贷款买房结婚，但两人工资不高，还贷的压力月月紧逼，除了保证基本的生活外，没有可开支的余钱。这种经济压力就是过度的压力。

有人以为，过度的压力是因为过多的愿望造成的，这是错误的认识。压力的要点不在于愿望的多少，关键是当事人的承受能力，当事人承受不了，美好的愿望就会成为害人的压力。比如某些家长硬是要求子女考一流的大

学，子女为了满足父母的心愿，超负荷学习，在很长的一段时间里高速运转，神经高度紧张，结果事与愿违，就连那些平时成绩较好的人，也没考出应有的成绩，与名牌大学擦肩而过，个别的甚至名落孙山。因为他们处在过度的压力之下，考试发挥不出水平。

过度的压力往往带来负面影响甚至破坏性后果，例如造成注意力狭窄、思维僵化、产生恐惧与逃避的心理、引起情绪与行为失控、长久的压力导致身心疾病等。压力一旦超过负荷，人的战斗精神、良好情绪、控制力都会垮台。就如举重一样，超过自身的能力就举不起来了。如果说人是一只皮球，压力就是注入皮球的气体，充入皮球里的气超过一定的量，必然会使皮球爆炸。人若承受不了压力，身心必然会出问题，其危害性一言难尽，它使人的情绪失调，认知偏离，思维混乱，严重地影响社会活动和正常的生活。

刘先生是一家大公司的高级主管。他年轻、身体健壮，他精力充足，拼命工作，一心想创造工作业绩，以期引起领导的关注，进而得到提拔重用。人们在背后叫他“工作狂”，似乎名副其实。他从早到晚忙忙碌碌，经常飞来飞去，没有双休，没有年节，只有工作。整个分公司在他的管理下，效益一年一年攀升，因此深得老板赏识。在大家的眼里，他是一个成功者，是一个能干大事的人。可谁知道他患有严重的神经衰弱。他知道这种病症已经有些时日了，可他没有过分关注。长期的失眠、头昏、乏力的折磨，他终究觉得力不从心，由一个外向性格的人变得沉默寡言，一天说不了三句话，见了下属不想打招呼，常常烦躁不安，动不动就想发火。他意识到这样不好，就是不能控制，不得不看医生。后来此事被人知晓，他觉得很没面子，便放弃了咨询，以此来证明自己一切正常，然而内心的痛苦日渐加深，直到头昏脑涨，心慌气短，不能坚持工作……

刘先生这样的状况并非偶然，也不是个别。随着社会的进步，人们在物质生活和工作环境得到极大改善的同时，承担的压力越来越多，越来越大。

二、压力的实质——原来是认知在作怪

我们已经知道，当刺激事件打破了有机体的平衡和负荷能力，或者超过了个体的能力所及，就会体现为压力。这些刺激事件包括来自外界和内部的情形，统称为应激源，每个应激源都是一个刺激事件，要求有机体作出适应性的反应即应激反应。

如果应激源持续时间足够长或强度足够大，躯体的资源将会耗尽，就会损害免疫系统的完整性。

生理应激反应是自动、可预期、无法用意识加以控制的内置反应。然而，许多的心理反应却是习得的，它依赖于你的价值观、信念，你对什么有压力对什么没有压力的心理解释，即你评价潜在压力事件的方式将会影响到你躯体的生理反应。

把压力的面具摘掉，揪出压力的本质来，是非常重要的，因为当你了解之后，它就不会显得那么可怕了。压力也是一样，当你已经对它烂熟于心了，要战胜它还不是很容易的事？

我们大多数人认为压力是外在环境引起的，一旦碰到不如意的事情，就认为那是压力造成的，所以就会只注意外在环境。但事实上，我们所感受到的压力恰恰来自我们自己，是我们的思想对压力的认知和相应的反应。因此我们应该先检讨一下自己的思想。

凯瑟琳·赫本在未成名以前，有一场非常关键的演出，正是这次演出，使她一夜之间闻名世界。但在她准备正式登台前的十几分钟里，她真正感受到了开演之前的压力。她感到紧张，觉得自己无法演出，恐惧让她认定自己的嗓子将会出现问题。她告诉医生说，她觉得自己将要瘫痪，双脚几乎没有办法移动。

“怎么回事呢？”医生很关切。

“我突然感到很恐慌。以前在演出前也会感到紧张，但这一次跟以前大

不相同。”

“不要为此忧虑，”医生安慰道，“你是一位真正有实力的艺术家，你一定能克服紧张情绪的。我这里正好有克服你这种症状的药，这是一种新药，效果又好又快。”

说着，医生从药箱里取出针管，打破一个小玻璃瓶，并把瓶中的液体抽到针管中。

医生给赫本注射了药水，并向她保证说，这种特效药马上就会生效。

“坐下来，”医生说，“不要去想演出，放松心情。”

几分钟后，赫本已经很镇静了。

“这真是神药呀，我真该吻你一下，向你表示谢意。”她说，“医生，我的感觉好极了，真是太感谢你了。”

演出开始后，赫本信心百倍地上了舞台，完成了一次精彩的表演。

后来在庆祝演出的宴会上，医生走过去向她道贺：“恭喜你，这是你最精彩的一次演出。”

“谢谢你。”赫本说。

“不，你要感谢就感谢你自己吧。努力的是你，而不是我。演出前我给你注射的只是一瓶蒸馏水你知道吗？”赫本大感意外，然后不禁哈哈大笑。

谁也意想不到，解除几乎把她压垮的压力的良药，竟是一针管蒸馏水。

事实就是这样，绝大部分压力来自于自己的内心，是由你看待和理解那些事件的方式产生的。

你甚至不必亲眼看到一件具体的事就能感觉到它的压力。你只需作一些思考，它可能是过去的一件事或是会在将来发生的事。你对它的看法可能会使你非常苦恼。这意味着，事实上任何真实的或想象的事都可能对你产生压力，因为你已把它看做压力或认为具有压力。同样，如果你并不认为它具有压力，那么任何事都不会对你产生压力。

压力存在于观看者的眼中，并非存在于事物本身。它是一个内在的东西，它在你的思维中产生压力的真正原因在于你如何看待和思考事物。所以，我们不要推卸责任专门把注意力放在去找外部环境的问题了，压力的真正起因就是你自己！

我们不要抱怨生活怎样，解除压力的关键在于人的本身。一个人，无论何时何地，只要保持一种乐观的心态，就会发现这个世界其实很美丽、很可爱，一个自尊、自爱、自强的人应该是每时每刻都积极进取、朝气蓬勃的，不会把任何压力看做压力，恰恰是把压力化为前进的动力，到达幸福光明的彼岸。

咨询师处方：“认知”减压

一、认知疗法

认知疗法是目前主要的心理治疗方法，明白了认知疗法的要点，对改善思维很有好处。

人的情绪行为都来自于人的认识，而认知疗法就是根据人的认知过程影响其情绪和行为的理论假设，通过认知和行为技术来改变当事人适应不良性认知，从而消除不良情绪、矫正不良行为以适应社会环境。

下面的例子可以帮助大家更深入地理解认知疗法。

我在商场被别人踩了脚，我有可能因为自己不同的想法而出现不同的情绪，比如愤怒、高兴、迷惑、悲伤或恐惧等，并且有可能在那些情绪的支配下产生不同的行为。

1. 如果我认为自己受到了外来的侵犯，而我有能力对付这种侵犯，我出现的情绪就是愤怒，我产生的行为可能就是质问对方甚至报复对方。

2. 如果我想到对方不是故意的，我完全可以宽容，而宽容是一种高级情绪（情感），我也许会感到高兴，为自己道德修养感到高兴，不过是一点小事情嘛。这样的想法使我不会产生任何不良行为。

3. 如果我认为对方可能存心和我过不去，我的情绪就是迷惑，怎么会踩我脚？由此产生的行为就是寻找对方踩脚的动机目的。

4. 如果我认为自己运气这么倒霉，被踩不是好兆头，以后我的生活会蒙受很大损失，就出现悲伤情绪，然后有可能发生唉声叹气的行为。

5. 如果我想到对方肯定是冲我来的，或者他是无法无天的黑道人物，有可能会追杀我甚至炸了商场而我无力反抗，我就感到恐惧焦虑，接下来的行为就是躲避。

不同的认知产生不同的思维和行为，意识到这一点，就应该注重自身的认知，要加强人生价值观的修炼。比如，在窘迫的经济环境下，你不认为自身无能，不认为人穷就是丢人的事，不去攀比非富即贵的生活，安于现状，以苦为乐，同样也可以过得开心……

二、沉思法

沉思法是一种平息精神激动、使人体放松的方法。近十年来，这种方法已逐渐为教练员和运动员所重视，特别是美国的许多职业队队员都喜欢采用这一方法，并取得良好的效果。

其具体做法是：首先，找一个安静的、能使身体和精神愉快的地方，坐或躺着、闭眼、全身放松。如果采取坐姿，则头、颈、背三点须成一直线，有节奏地深呼吸。然后，反复地默念某一暗示语（单词或简短的句子），或者全神贯注于某一感觉表象上。要注意呼吸的涨落和暗示语尽量保持节奏上的一致。此后，当完全感到安静和放松时，开始做下述动作：先慢慢地将头倾向右边，然后移至左边，再回到中间，反复几次后，慢慢地将眼睛睁开。

美国运动心理学家把中国的某种太极拳看成一种身体沉思。身体沉思指包括力量、平衡、耐力及注意力集中在内的一种静静的、有节奏的运动。该法特别强调运动员的呼吸和整个身体运动同步进行。当进行身体沉思时，运动员成站立姿势，整个身体保持在一条直线上，双肘和前臂与地面平行，将右脚放至左脚的前面，以身体感到平衡和舒适为宜，同时全力集中注意你的正前方某一点。然后，左脚慢慢移到右脚前面，同时呼气，慢慢地将前臂推离身体（掌心朝下），当左脚又返回到原来位置时，吸气，掌心转至朝上，将手臂“拉”向自己的身体。之后重复这一动作，并注意动作的节奏。

上述两种方法，都要求注意力高度集中在某一点上，不允许其他事情“钻入”脑中。旨在排除杂念，集中思想，以达到身体和心理放松的目的。一般认为，运动员如果每天进行二十分钟的沉思练习，对消除过度焦虑情绪，使身体和心理放松具有显著作用，倘若沉思练习再结合表象训练或认知调节技术，则效果更好。此外，沉思练习无论赛前或赛后进行，都会取到同样好的效果。然而，如果这一方法使用不正确，也会出现副作用，例如，有些运动员不根据自己的实际情况，在赛前一味采用这一方法，就可能变得太放松，因此不能保持必要的兴奋状态投入比赛。

你可以根据自己的实际情况参照上面的方法进行练习。

三、快乐方法招招鲜

减轻压力，尝试快乐起来，让人生因快乐而轻松。

你今天快乐吗？以下的方法，一定可以让你更快乐。

◎ 保持健康，有健康的身体才有快乐的心情。

◎ 充分休息，别透支你的体力。累则心烦，烦易生气。

◎ 适度运动，会使你心情愉快。

◎ 爱你周围的人并使他们快乐。

◎ 用出自内心的微笑和人们打招呼，你将得到相同的回报。

◎ 遗忘令你不快乐的事，原谅令你不快乐的人。

◎ 真正地去关怀你的亲人、朋友、工作。

◎ 别对现实生活过于苛求，常存感激的心情。

◎ 享受人生，别把时间浪费在不必要的忧虑上。

◎ 身在福中能知福，也能忍受坏的际遇，且不忘记宽恕。

◎ 献身于你的工作，但别变成它的奴隶。

◎ 随时替自己创造一些容易实现的期望。

◎ 每隔一阵子去过一天和你平常不同方式的生活。

◎ 每天抽出一点时间，让自己清心静虑，使心灵宁静。

◎ 回忆那些使你快乐的事。

◎ 凡事多往好处想。

◎ 妥善安排你的工作，使你有剩余的时间和精力自由支配。

◎ 培养新的兴趣，但不是强迫自己去培养一种习惯。

◎ 抓住瞬间的灵感，好好利用，别轻易虚掷。

◎ 制造些有趣的小插曲，让生活有更多的新鲜感。

◎ 如果心中不愉快，找个和平的方式发泄一下。

◎ 泡壶好茶，找几个知己畅谈。

◎ 偶尔忘记你的计划或预算，随心所欲吧。

◎ 重新安排你的生活空间，使自己耳目一新。

◎ 搜集趣闻、笑话，并与你周围的人共享。

◎ 安排一个休假，和能使你快乐的人共度。

◎ 去看部喜剧片，大笑一场。

◎ 送自己一份礼物。

◎ 给心爱的人一个惊喜。

把压力扼杀在摇篮里

认识压力的来源

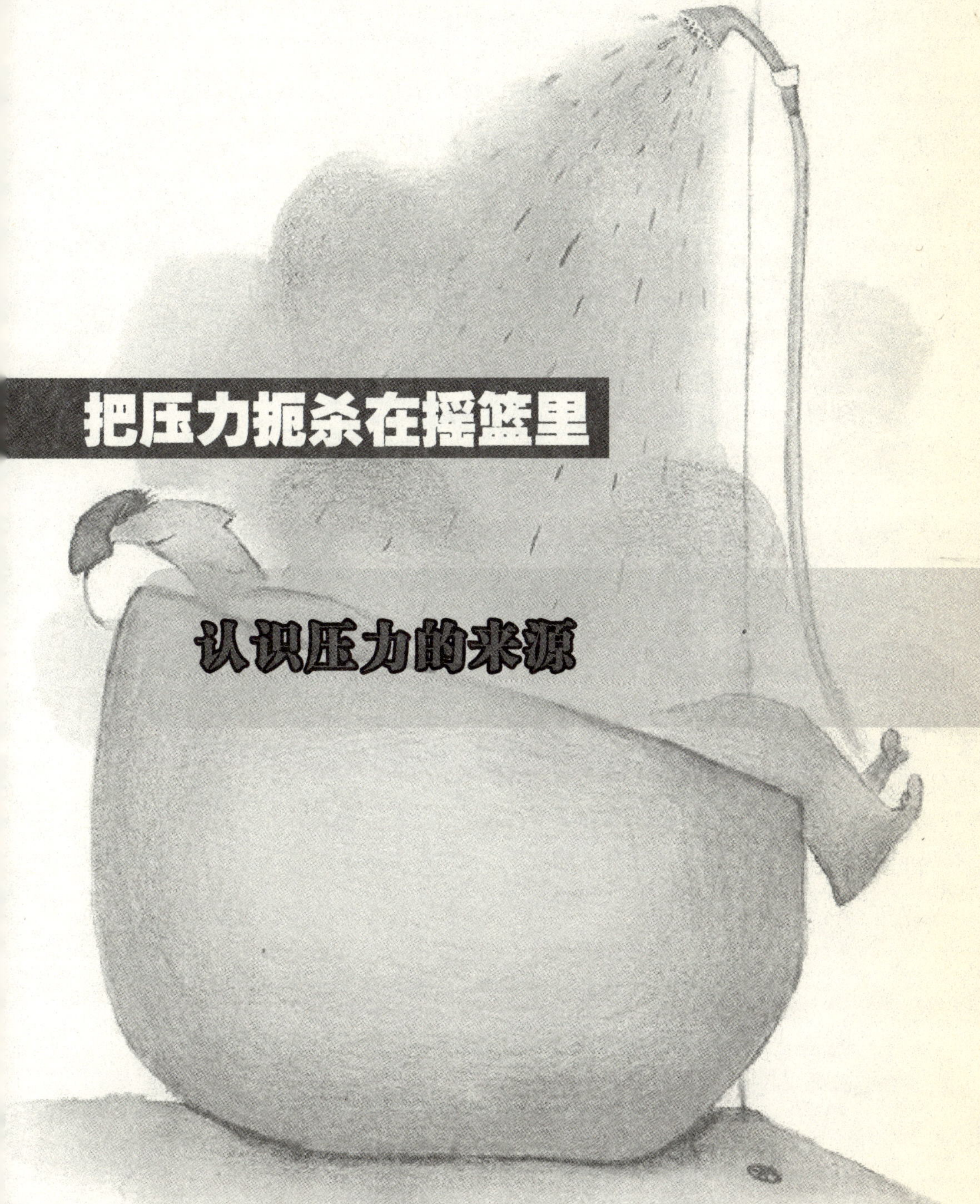

承载压力测试

1．我觉得此时此刻的心情……

a．真是糟透了！生活中不如愿的事怎么这么多。

b．我很容易因为一点小事而难过。

c．还算轻松愉快，人生是彩色而光明的。

2．我平常的睡眠……

a．一躺下去就可以睡着，而且一觉到天亮。

b．躺在床上总会东想西想，要过好一阵子才会睡着。

c．已经很累很想睡了，但是只要一想到工作就无法入睡。

3．心情烦躁的时候，我会……

a．特别想大吃大喝或者抽烟、喝酒。

b．用大叫、大哭来发泄。

c．找朋友或家人聊聊天，到郊外走一走。

4．我最近的身体状况……

a．常常会觉得肩膀僵硬、肌肉紧绷。

b．经常胃痛或头痛，消化不良。

c．没病没痛，舒服自在。

5．我最近的精神状况……

a．已经睡了八九个小时，还是觉得很累。

b．充满活力，神采奕奕。

c．无时无刻，脑子里都是工作的事情。

6．我最近的生活状况……

a．生活中几乎每件事都让我疲于奔命。

b．生活步调按部就班，大部分的事情都可以顺利完成。

c．一天二十四小时实在不够用。

7．最近朋友看到我，都觉得我看起来……

a．脸部肌肤变得比较干燥。

b．一副疲惫不堪的样子，而且皱纹增多了。

c．皮肤光滑有弹性，充满活力很有精神。

8．周末休假时，我会……

a．不想工作的事，好好休息一下，去参加我最喜欢的休闲活动。

b．继续在家里或公司加班。

c．赖在床上，睡得饱饱。

9．我常参加的休闲活动是……

a．运动、泡温泉或上美容院、护肤中心。

b．购物血拼，慰劳自己。

c．和朋友一起通宵狂欢。

10．整体来说，我觉得自己的生活是……

a．平顺的、稳定的，到目前为止我都觉得满意。

b．时好时坏，起起伏伏。

c．很无奈，只能说在混乱中求生存。

评分标准：

	a	b	c
1.	10	5	0
2.	0	5	10
3.	10	5	0
4.	5	10	0
5.	5	0	10
6.	10	0	5
7.	5	10	0
8.	0	10	0
9.	0	5	5
10.	0	5	10

得分分析：

0 ~ 20 分

恭喜你！你具有极高的减压智慧，懂得在工作与生活中找到平衡点，更知道如何为压力寻找出口，让自己的身心维持在最佳状态。

这样的你，不会因为自己的情绪影响周围的人，大家都喜欢你，因为你是阳光的使者； 这样的你，更容易赢得上司的依赖与肯定，因为你懂得如何解决问题而不逃避问题，认真负责不推脱责任。有什么理由不让成功属于你呢？

21 ~ 45 分

在这个分数段的你，要小心一点……你已经是耐压性不良的人了！疲劳令你烦躁不安，压力让你像泄了气的皮球，疲惫更使你看起来暗淡无光。遭遇压力，你只会苦恼，却不知如何解决。多到公园或郊外走走，做些自己喜欢的运动，听音乐、看电影、练书法、画画等都很好。总之，要对自己好一点。你也可以依照本书附录中的减压药膳食谱，为自己做些好吃的佳肴，让压力在日常饮食中消灭。

46 分以上

在这个分数段的你，需当格外警惕！压力已经严重影响你的生活，甚至已经对你的身心产生威胁了。你必须赶快寻求专业医师的协助，让自己走出压力的阴影，健康而快乐地面对人生。

认识压力的来源

一、一颗不安定的心

不难发现，生活中有些人的心就是安定不下来，就像悬浮的风筝在空中摇摇晃晃，问其原因，他自己也很难说出一个所以然。久而久之，情绪难以高涨，心情密布着乌云，吃饭不香，入睡困难，自己对自己也不满意。

心理不安定的常见情况，主要有以下三种。

1. 心情焦虑

总有烦躁的感觉，总为一些事情发愁，精神处在紧张状态下。

出现这种情况，一是特殊的身体体质（譬如较敏感的自律神经性反应）及特殊的性格倾向，往往在面临特殊的社会压力后引发内在的心理冲突而导致精神相关症状。二是性格特点所致，如神经质个性。这种人个性敏感，易对芝麻小事紧张兮兮，性急，脾气暴躁，操心过度等。

心情焦躁有三种表现：

（1）崇尚十全十美。完美主义倾向十分突出，对自身要求十分严格，几乎要求自己所做的每一件事都要无可挑剔。因此在为人处事上绝对按照自我理想的原则来，花费大量的精力。

如有的人是把注意力放在煤气开关、抽屉及门锁方面，他们所要求的是绝对的安全，因此要防范所有具有危险性的事物。再就是做事十分精细。比如写报告或文章，字斟句酌，看了又看，改了又改，生怕有什么差错，即使标点符号也不放过。对字迹和页面也不马虎，不允许潦草，更不会容忍有圈圈点点的现象。

正因为完美主义的思想统治着大脑，在某些事情未达到目的时，会产生相当强烈的焦虑感，觉得浑身不对劲，所以不论在任何情况下都非要把事做完做好不可，一旦不顺就会紧张万分。倘若跟别人一起做事时别人不按照他的标准来做的话，他也会觉得如坐针毡。

这一类人多是急性子，富有责任感，有规规矩矩、一丝不苟的习惯，非常执著，容易想不开。例如当他离开家出外游山玩水之际，却会因为整个心牵挂着家里的事而无法享受到户外生活的乐趣。

(2)自卑感比较严重。很在意个人形象，别人的好感，别人对自己的评价，在领导心目中的印象等等。

这样的人容易产生自卑感，这源自强烈的不安全感。觉得自己的容貌、身体特征、口才、表情、学业成绩、体能状况处处不如人，认为低人一等。因而不愿与人主动交往，即使无可奈何进行人际交流，也无法放轻松。

这类人群过分看待自身的缺点，喜欢拿别人的优点来跟自己比较，因此很不容易除掉这种自卑感及不安全感。

(3)过分关心自己。这类人群最常表现出来的就是担心自己的身体状况，一点小毛病也要郑重其事地做最放心的检查。

比如说有一次血压升高的情形之后，这类人群就会天天量血压，想要测定一下自己的心脏、血管的健康程度。

这类人群恰恰容易出现身体不适的症状，例如头痛、颈酸、腹痛等，但因为对疾病或癌症的恐惧而致使某些人变得更加神经质，不断地抽血或做仪器检查，即使得到阴性的结果仍然半信半疑，担心检验室的技术或医生的判断有问题而再换另一个地方去重新检查。

2. 安全感缺失

缺乏安全感的人群中，城市白领居多。因为他们从事的工作竞争性强，节奏快，压力大，所以常常认为自己缺乏基本的保障，缺乏最安全的环境，似乎觉得自己随时处在危险当中。

怎样才算安全感缺失呢？

（1）内心恐惧。恐惧的对象是一些不确定因素；过分讲究规矩，办事非有条理不可；对新事物有抵触情绪。内心恐惧的没有具体的对象，害怕和担忧的是那些未知的、不确定的东西。

（2）控制欲强盛。这类人通常有很强烈的控制欲。因为内心的不安全感，出现了非常紧张的感觉，这种紧张希望通过过分的控制来补偿，即需要控制事情的发生和发展，控制自己的言行使之准确无误，还常常要控制其他人，让别人遵循他自己的规则。

（3）苛求完美。缺乏安全感的人常常表现为过分追求完美。希望通过尽善尽美来增加自己的成就感和安全感，在重复的检查和确认中缓解心中的紧张和不安。常常对自己感到不满，对自己的价值产生怀疑，不能容忍出现差错，苛求自己也苛求别人。

（4）多疑。防备心理特别强，很难相信任何人。和人交往时警惕性很高，担心上别人的当，怕自己被伤害，因而难与人融洽关系。

（5）总往坏处想。在人际交往中，使人觉得有些自闭、有些自私。凡事都爱往坏处想，别人稍有得罪就容易仇视别人。

一般来说，收入的高低与社会地位有密切的关系，同时也跟心理状态有紧密关系。高收入的人群社会地位相对较高，心理相对稳定，由此获得很强的安全感；而低收入的人群处于一个生命奋斗阶段，心理也相对稳定。但城市白领，往往拥有了一定的社会地位，却是“优越感与压力并存”，紧张的工作、激烈的竞争环境促使他们必须不断努力、不断提高自己才能保证顺利工作，确保目前的物质生活不受影响。地位的不稳定引起心理上的焦虑，带来强烈的不安全感。

白领拥有较高的学历，较强的工作能力，对自己价值评估较高，晋升的期望值也较大，为着地位、收入、房车顽强地奋斗着。他们在努力寻求一个更好的岗位，为实现自身理想打下基础。客观实际是，愿望与现实差距很大，上升的路十分艰难。多数人只得辛苦工作、小心生存，接受高收入阶层的“领导”。因此，职场焦虑诞生，持续下去就成了强烈的不安全感。为了解决这种不安全感，他们往往会选择更加忙碌、更加努力的工作，但总是担心意外的事件出现，做着手头的事情，脑海里充斥着各种各样的坏消息，没有享受、没有兴奋、没有精神追求。这样的“拼命”却造成了生活中的更多隐患，带来更多的不安。

对身体的焦虑，也是城市白领的通病。长期对着电脑、缺乏运动、饮食不规律、透支体力等等，让身体在很年轻的时候，就开始出现各种各样的问题。

如何减轻自己的心理压力，增强安全感呢？

（1）提高适应力。一般来说，安全感来自信心和足够的实力，相信自己能够处理任何事情。因此，当你缺乏安全感，情绪紧张、不稳定的时候，就必须试图调动自己的心理能量，并提高自己相应的能力。

（2）确定生活目标。要问问自己的内心，究竟要过怎么样的生活？然后，对自我进行认真的正确的评估，修订好人生的目标，减少对工作待遇的高期望值，使人生追求实在、踏实。

（3）接纳自己的情绪。勇敢面对，慢慢习惯与不安全感和睦相处。做最坏的打算，勇敢地接受当下的情绪，你就会逐步感受到不安全感已经减少了很多。

（4）适时改变职业。根据自己的个性、条件，衡量自己从事什么职业合适。如果目前的职业或岗位确实不适合自己，你还可以做出转换职业的决策，寻找更加安全的环境，不至于被“不安全感”牵着鼻子走。

3. 心理恐慌

恐慌，是在一段特定时间内，有强烈害怕或不适的感受。

怎么知道自己有恐慌症状呢？以下的症状中如果有四项以上，就说明你已经有恐慌感：

心跳加速或心悸

出汗

发抖或颤栗

感觉呼吸困难或窒息感

有梗塞感似会呛到

胸痛不适

恶心或腹部不适反胃

害怕失去控制或即将发狂

感觉异常，有麻木或刺痛感

冷颤或脸潮红

头痛、头昏沉、或快晕倒的感觉

失去现实感、感觉事物不真实，失去自我感、感觉与自己疏离

恐慌发展到一定程度，就成了恐慌症。恐慌症需要治疗。目前恐慌症治疗是药物和认知及行为治疗相结合，首要的是解决对此病的认知。很多恐慌症患者只要身体有轻微不适便会担心恐慌症会“发作”，害怕失去控制，其实这本身就是恐慌的表现。那种担心是没有必要的。

更可怕的是出现群体恐慌心理。群体恐慌心理是一种大众心理，主要有两种，一种是以大众传播对象为主体的大众心理；另一种是以流言和谎话、时尚和风俗为表现形态的大众心理现象。作为传播对象的大众，不是被动接受信息，而是主动选择、评价、议论、互传大众传播信息，有时还可以对大众传播有信息反馈，参与传播活动。特别是微观层面的小群体的大众，由于相识，容易有选择、带有主体价值色彩进行小道消息、传闻和逸事的传播。人们就是这样利用传播媒介信息，互相沟通、相互影响而形成群体心理。

恐慌心理的存在是非常正常的，因为个人生活常常会出现困境和危机，由此，恐慌心理的形成不可避免。个体恐慌心理对社会造成的损害充其量是局部的，甚至是可以忽略的。群体恐慌心理则严重影响群体行为，对社会、政治、经济、文化造成损害。所以，我们必须要尽快消除群体恐慌心理。达到这个目的，就要找到群体恐慌心理的成因。

（1）群体恐慌心理与大众传播关系甚密。大众传播过程是一种互动过程，具有心理沟通功能。传播者与接受者是互动的，一方面，传播者传播目的是为了满足大众的需求。另一方面，大众也会通过传播内容，表达自己的意见，并把意见通过各种方式转达给传播者。尤其是危及大众安全或切身利益的社会信息，大众心理特别敏感。大众往往对正规的信息持一种普遍的怀疑态度，这种疑虑加重了群体恐慌心理。

（2）流言会加速恐慌心理的形成。流言是在传播活动中完成的。流言虽然“查无实据”，但却能够广泛传播。流言的传播者大都人云亦云，不经

认真研究和思索便把不确切、不可靠的信息，贸然传给他人。流言在传播过程中，总是不断地被重新编排，遗漏掉某些细节，变得更加简明、通俗，易于接受。有些人对于传播中的信息不是全盘接受，而是根据自己的好恶接受其中一部分，然后再传播出去。所以，流言才会在短时期内旺盛传播。流言的破坏性很大，可以摧毁一个人的精神，加剧恐慌，甚至引起社会动荡。

（3）恐慌心理与群体压力有关。个体在群体中常常会不知不觉地受到群体的压力，而在知觉、判断、信仰以及行为上，表现出与群体中多数人一致的行为倾向，这就是从众现象。应该明确，从众现象是一种较普遍存在的心理现象，是一种直接的、感情的心理反应。人们为什么从众？因为人们往往认为，众人提供的信息全面可靠。经验告诉人们，与他人在某些方面上一致是对个人生活有好处的。

群体规模越大，即持有一致意见的人越多，持不同意见者感到的压力越大，从众表现越显著。

（4）集群行为加剧恐慌心理。集群行为作为一种众多人的一致行动，它的前提是要许多人，为一个共同感兴趣的问题而聚集在一起，并发生直接接触。这种接触是紧密的，能够产生激烈的互动，容易造成思想和情感的一致，而且目光限制在狭小的范围内，不易接受其他刺激，不去考虑有关的事情。这样就为集群行为的发生奠定了基础。

消解群体恐慌心理的办法：

（1）增强人们的信任心理。当群体恐慌心理出现的时候，为控制流言而简单地反驳说“那不是事实”的做法并不能奏效。有关部门应该及时调查分析，用事实说话，让大众吃一颗定心丸，使流言不攻自破。

（2）制止事态扩大。有些事情是在意想不到的情况下发生的，如非典一类瘟疫会在社会上产生爆炸性影响，各种谣言随之而生。这时有关部门应该立即采取措施作出妥善处理，迅速反应，及时控制，缩小危机。从正面宣传控制事态所取得的效果。例如，采取措施，控制非典进一步蔓延。迅速利用大众传播媒体及时公布组织所采取的处理非典的一切措施，把“非典”事件产生的严重的社会影响降到最低限度。

（3）加强正面宣传。专人负责发布消息，主动向新闻界提供真实、准确的消息，公开表明政府的态度。公布的数据要认真仔细核实，力求准确无误，以提高新闻媒介的可信度，让人们籍新闻媒介获取完全正确的情报，因为处于模糊的真空状态之下，人们找不到化解恐慌的依据，虚假的情报只能进一步加深人们的恐慌。所以，要尽可能多而快地传达可信的情报，并作出权威的解释，以迅速而简便地否定虚报。不管情况有多么严重，只要人们觉得自己清楚事实真相，就会减少盲目的心理恐慌。

二、让自卑捆住了手脚

自卑，即一个人对自己的能力、品质等作出偏低的评价，总觉得自己不如人、悲观失望、丧失信心等。自卑是一种消极的心理状态，是实现理想或某种愿望的巨大心理障碍。

自卑的人看不起自己，不信任自己。对自身的蔑视和残忍通过不同的方式表达出来。在人际交往中，自卑的人很想得到别人的肯定，又怕别人的轻视和拒绝，常常很敏感地把别人的不快归咎为自己的错误；自卑的人过于自尊，为了保护脆弱的尊严而表现得非常强硬，难以让人接近。在生活中，很多人缺少某种能力，却认为别人都拥有那种能力，无限夸大别人的能力，刻意拿自己的弱项与别人对比，实际上是与自己过不去，轻视自己，这种严重伤害自我的做法是许多悲剧的根源所在。

造成自卑心理的原因因人而异，基本上可以分为三种情况。

第一种是某种缺陷或挫折引起自卑。如五官不够端正、个子矮小、过胖过瘦、口吃等生理缺陷；出身农村且家境贫苦、经济条件差、住房拥挤、学历低、工作地位低、社会地位低；情场或商场失意、当众出丑、被人嘲弄等生活挫折等。

第二种是因为性格的原因。由于内向、孤僻等性格缺陷，长期不与别人有效交流，表达能力不佳，于是自认为自己无能。

第三种是认知的偏差。出自一种不如他人的主观感觉，与事实并不相符。

把内心的感觉当做客观事实认定。

H，大学毕业后被分配在一个偏远闭塞的小镇任教。昔日的同窗有的分配到大城市，有的分配到大企业，有的投身商海，有的进了政府机关。同班同学中，唯独他分到小地方。他充满梦想的世界坍塌了，无情的现实残酷地折磨着他，好似从天堂掉进了万丈深渊。自卑和不平衡油然而生，心理压力一天比一天大，觉得在同学面前没有颜面。从此不愿与同学或朋友见面，不参加公开的社交活动。为了改变自己的现实处境，他寄希望于报考研究生，并将此看做唯一的出路，试图以此来挽回自己的颜面。但是，强烈的自卑与自尊交织的心理让他无法平静，看书很少能看进去。在路上或商店偶然遇到一个初中或高中的同学，都会好几天无法安心，他痛苦极了。心理的压力梦想通过考取研究生而消除，可是拿起书本，思想就走神，学习毫无成效。据他自己说："一看到书就头疼。一个英语单词记不住两分钟；读完一篇文章，头脑仍是一片空白。最后连一些学过的常识也记不住了。我的智力已经不行了，这可恶的环境让我无法安心，我恨我自己，我恨每一个人。"几次失败以后他停止努力，又认为自己根本不是读书的料，只不过是异想天开而已。压力使他喘不过气来，开始了自暴自弃，抽烟、酗酒、赌博，试图以此缓解心头巨大的压力，甚至干脆不备课不上课，最后被学校除名。

H的做法不可取，因为他不仅甘心把自己交付命运支配，而且还要以自己颇有震撼力的颓唐作为武器来保证这种秩序的继续存在。他的生命中已经充满了被奴役的自卑因素，牢牢地被压力所控制。

因此，一定要矫正自卑心理，把自己从巨大的压力中解放出来，你不妨试试下面几种办法。

1. 培养自信心理

"尺有所短，寸有所长"，每个人有优势，也有不足，有优点，也有缺点。我们要善于发现自己的长处，肯定自己的优点，不要把别人看得十全十美，觉得自己一无是处，应该认识到他人也有不足。可以这样：经常回忆那些经过努力，做成功了的事情，通过事实来肯定自我；对一些做得不好的事情，分析失误原因，并进行积极的自我暗示，予以纠正。

坦然地接纳自身的一些生理缺陷，如相貌丑、个子矮等。学会从另一个角度看问题，要知道，生物学上有个“生理补偿”的概念，即盲人失明，耳朵就特别灵；腿有毛病，手就特别灵巧。所以不妨这样暗示自己：“虽然我的眼睛看不见，但我的耳朵比你灵”；“虽然我个子矮小，但是我机灵、很健康”。

一个身体健康的人，如果头脑空虚，那他不过是空有躯壳；一个病残的人，如果内心世界丰富，正如阴暗背景的闪光，更显得耀目，更能得到人们的爱戴。

你要做一个沐浴在阳光里的人。

2. 修炼良好性格

要改变内向、孤僻等性格缺陷，培养良好性格。即使自己在某一方面有一得之见，一技之长，也不能因此看不起别人，形成所谓的“清高”。每个人都有自尊心，别人不会特别哀求于你，相反，会因之瞧不起。

要努力改变自己的生活习惯，尽可能融入环境之中，与人和谐相处。使自己成为一个受别人欢迎的人。

虚心学习他人，以他人之长补自己的不足。

不过要记住，改变性格缺陷不是一朝一夕所能达成，要有一种恒心、一种坚韧不拔的毅力。可以看看名人传记，借鉴他们纠正性格缺陷的经验，使自己少走弯路。

3. 不作无谓的比较

自卑心重的人老是用别人的长处和自己的短处比，定会越比越泄气。人各有所长，自己不可能事事都强过别人。同样，自己也不会事事不如别人。这样一想就能增强自己的心理承受能力。不要因为失败或者一时失利而一蹶不振，全盘自我否定。

4. 不苛求自己

要防止和克服自卑感，还要注意不可对自己提出过高的要求。在选择目标时除考虑其价值和自身的愿望外，还要考虑其实现的可能性。如果追求那些不切实际的东西，只会使自己越来越自卑。

三、无端猜疑迷失了自我

猜疑一般总是从某一假想目标开始，最后又回到假想目标，形成一个圆环，越画越粗，越画越圆。现实生活中猜疑心理的产生和发展，几乎都同这种作茧自缚的封闭思路主宰了正常思维密切相关。

有些人疑心较重，乃至形成惯性思维，导致心理变态。一个人如果心胸过于狭窄，对同事、朋友乃至家人无端猜疑，不但会影响工作、影响人际关系、影响家庭和睦，还会影响自己的心理健康。

猜疑的人，看似怀疑别人，实际上是对自己有怀疑，至少是心中无底气，信心不足。那些不自信的人总以为别人在背后议论自己，看不起自己，甚至算计自己。这些莫须有的想法让他们陷入了猜疑的泥潭而无法自拔。

有些人的猜疑是由于曾经上当引发的。他们以前由于轻信别人，在交往中受过骗，蒙受了巨大的精神损失和感情挫折，结果万念俱灰，不再相信任何人。这种对环境、对他人、对自己缺乏信任的思想，对交往挫折的自我防卫，又何尝不是在作茧自缚呢？只有自信十足的人，才会充分信任别人，绝不轻易产生猜疑心理。

猜疑是建立在猜测基础之上的，这种猜测往往缺乏事实根据，只是根据自己的主观臆断毫无逻辑地去推测、怀疑别人的言行。猜疑的人往往对别人的一言一行很敏感，喜欢捕捉和分析他人“深藏的动机和目的”，如看到别的同事、邻居悄悄说话就疑心别人是在说自己的坏话，见别人工作特别勤奋就疑心他人有不良企图。好猜疑的人最终会陷入自寻烦恼的困境，结果会导致自己的人际关系紧张，失去他人的信任，挫伤他人和自己的感情，对心理健康危害极大。

M是某公司的经理，年轻而英俊潇洒，搞公关很有办法，办事能力强，公司经常派他出差，这使得他的妻子特别担心，生怕老公在外被别的女人勾引了去。于是，妻子对他采取了以下的防范"措施"：一方面，每当他要出差前总是主动示爱，其意一是表达真切的爱意，用情来缚他；二却是先在出门前把他"喂饱"，以防他万一心血来潮行为出轨。另一方面，每当他出差返回时，更是热情伺候，常常迫不及待地与刘明及时情意绵绵一番，其意一是小别胜新婚，"性趣"使然；二是可以"查验"丈夫在外是否有负于她，尽管这办法并不科学而只是自己的一种感觉。如果他归来表现不佳，她的心里就直犯嘀咕：丈夫在外是不是采野花了。

一次，因误了车次，M归来已是半夜时分，连日的旅途奔波实在太累了，简单洗漱后就想休息。可妻子还要履行她的查验程序，他无意扫妻子的兴，便强打精神勉强行事，显然精力不济。妻子不悦，长期隐匿在心头的猜疑顿时变成妒火，喷薄而发。见妻子一点也不体贴人，竟怀疑自己有外遇，想到自己辛辛苦苦在外奔波，全心全意为了这个家付出，M顿时也火冒三丈。片刻间，两人你来我往，唇枪舌剑，大吵一番。

事后，两人陷入了冷战，长时间冷眼相对，家庭的温馨荡然无存，婚姻大厦眼看岌岌可危。

作为妻子，应该信任自己的丈夫，相信丈夫的道德。这也是自信心的具体体现。夫妻之间缺少了信任感，还能谈恩爱或感情吗？如果妻子对丈夫的行为无端猜疑，那只会对其产生无端刺激和伤害，从而造成夫妻之间的隔阂。可见，无端的"疑神疑鬼"是有极大害处的。

人群中，生性多疑、经常对人抱有防范之心的秘密主义者，为数实在不少。他们认为，一旦别人盗取了自己的思想并加以评判，那就会和自己对抗或在工作中加害自己。也就是说，他们对别人总是抱着戒备、恐惧的心理。所以，他们从不敢相信别人，也不愿与他人分享某些积极的成果，更不敢委任别人担当重任。凡事都要自己控制，这样他们才会放心。

其实，这种人是心地简单、头脑僵化的孤独者。无端猜疑和防范别人的结果，必将使自己也失去支持和帮助，这就等于自己堵住了自己前进的道路。

那么，在人际交往中应如何消除猜疑心理呢？

1. 拓宽胸怀

增强心理素质，增大对别人的信任度和排除不良心理。每个人都应当发现自己的长处，相信自己会与周围人处理好人际关系，会给别人留下良好的印象。当我们充满信心地工作和生活时，就不用担心自己的行为，也不会随便怀疑别人是否挑剔、为难自己。加强个性品质的改造，培养高尚的道德情操，净化心灵，拓宽胸怀，提高精神境界，冲破封闭思维的桎梏，排除不良个性品质的消极影响，可以有效消除猜疑。

2. 更新思维

摆脱错误思维方法的束缚。猜疑一般总是从某一假想目标开始，最后又回到假想目标。只有摆脱错误思维的束缚，走出先入为主的死胡同，才能促使猜疑之心在得不到自我证实和不能自圆其说的情况下自行消失。

3. 敞开心扉

猜疑往往是心灵闭锁者人为设置的心理屏障。只有敞开心扉，将心灵深处的猜测和疑虑公之于众，增加心灵的透明度，才能求得彼此之间的了解和沟通，增加相互信任，消除隔阂，获得最大限度的谅解。

4. 切勿轻信流言

猜疑之火往往在“长舌人”的煽动下越烧越旺，致使人失去理智、酿成恶果。因此，当听到流言时，千万要冷静，谨防上当受骗。一个人在生活中，遭到别人的非议和流言，与他人产生误会，没有什么值得大惊小怪的。在一些生活细节上不必斤斤计较，可以糊涂些，这样就可以避免自己烦恼。如果觉得别人怀疑自己，应当安慰自己不必为别人的闲言碎语所纠缠。

5. 防止感情用事

猜疑者在消极的自我暗示心理下，会觉得自己的猜疑顺理成章、天衣无缝。《疑人偷斧》的故事就是很典型的例子。遇事保持冷静，多观察、分析和思考，克服“当局者迷”的认知误区，是消除猜疑的重要途径。

6. 加强彼此交流

了解是信任的基础，信任是感情的纽带和猜疑的坟墓。和他人之间应该加强交流、相互了解、相互信任，在情感上产生共鸣，才会有效地消除猜疑。

四、无法抗拒追求完美的诱惑

完美是许多人的追求目标，因为，他们认为只有完美人生才有意义，所以就公开声称自己是完美主义者，一心一意为着完美而努力，容不得自己有丝毫“瑕疵”，不能让自己有任何闪失，因此说话做事很谨慎，活得很累很累。

S是一位新时代的画家，潜心学画十年，深得传统画派的真谛，一幅山水画在省级美展中受到广泛关注和好评。画展结束，一位资深画师善意建议他学学王维的诗，体会其意境，拓展思路跟视野，会使画技提高乃至飞跃。当有人来买此画时，他不卖，因为他嫌画作不完美。回家看看，越看问题越多，就干脆把这幅获奖的作品毁掉了。他决心画出最完美的当代山水画。可是，再怎么画，他还是不满意，不是这有问题，就是那有毛病……久而久之，以前的感觉都找不到了。

想达到完美境界的人与他们可能获得成功的机会，恰恰背道而驰。其实，追求完美的人在内心深处有着莫大的焦虑、沮丧和压抑。事情刚开始，他们在担心着失败，生怕干得不够漂亮而辗转不安，这就妨碍了他们全力以赴去取得成功。而一旦遭到失败，他们就会异常灰心，想尽快从失败的境遇中逃避开去。他们没有从失败中获取任何教训，而只是想方设法让自己避免尴尬的场面。

很显然，背负着如此沉重的精神包袱，不用说在事业上谋求成功，而且在自尊心、家庭问题、人际关系等方面，也不可能取得满意的效果。他们抱着一种不正确和不合逻辑的态度对待生活和工作，他们永远无法让自己感到满足，每天都生活在焦灼不安中。

其实，完美并不存在，因为生活本身就不完美，我们要从追求尽善尽美的诱惑中摆脱出来。那么，你不妨这样去做。

1. 正确认识自我

对自己既不要估得太高，也不必过于自卑。有一分热，发一分光。你如果事事要求完美，这种心理本身就会成为事业成功的巨大障碍。要全面认识自己，不要用自己的短处与人竞争，而要在自己的长处上培养起自尊、自豪和工作的兴趣和执著精神。

2. 改变固有观念

一次乃至多次的失败并不能说明一个人价值的大小，也不能证明此人无能。仔细想一下，如果一个人从不经历失败，我们能真正认识生活的真谛吗？我们也许一无所知，沾沾自喜于愚蠢的无知中。因为成功仅仅只能坚定期望的信念，而失败则给了我们独一无二的宝贵经验。我们会从失败中警醒，变得理智。

人只有经受住失败的悲哀才能达到成功的巅峰，亡羊补牢，犹未为晚。更不必要为了一件事未做到尽善尽美的程度而自怨自艾。没有缺点的人、没有“瑕疵”的事物是不存在的，如果仍然盲目地追求一个虚幻的境界只能是劳而无功。我们不妨问一问：“我们真的能做到尽善尽美吗？”既然做不到，我们就应该尽快放弃那种不切实际、追求完美的想法，回归实事求是的轨道。

3. 确定短期目标

寻找一件自己完全有能力做好的事，然后去把它做好。再找一件你可能做到做好的事情，但做成什么样就是什么样，只要自己尽力就可以了。这样一来，你的心情就会轻松自然，办事也会较有信心，感到自己更有创造力和更有成效。实际上，你不追求出类拔萃，而只是希望表现良好时，你会出乎意料地取得最佳的成绩。

目标切合实际的好处不仅在此，它还为你提供了一个新的起点，能使你循序渐进地摘取事业上的桂冠。同时你的生活也会因此而丰富起来，你也会充满人情味，你将会生活在良好和温馨的氛围中。

五、幻想一天建成罗马的浮躁

浮躁，乃轻浮急躁之意。一个人如果有轻浮急躁的缺点，成功的几率就会下降。

在现实生活中，有些人就是改不掉浮躁的毛病。他们做事情往往既无准备，又无计划，只凭脑子一热就动手去干。他们不是循序渐进地稳步向前，而是恨不得一锹挖成一眼井，一口吃成胖子。结果呢，必然是事与愿违，欲速不达。

古时候有兄弟二人，很有孝心，每日上山砍柴卖钱为母亲治病。神仙为了帮助他们，便教他们两人，可用四月的小麦、八月的高粱、九月的稻、十月的豆、腊月的雪，放在千年泥做成的大缸内密封四十九天，待鸡叫三遍后取出，汁水可卖钱。兄弟二人各按神仙教的办法做了一缸。待到四十九天鸡叫两遍时，老大耐不住性子打开缸，一看里面是又臭又黑的水，便生气地洒在地上。老二坚持到鸡叫三遍后才揭开缸盖，里边是又香又醇的酒。

这个故事说明了一个深刻的道理：成功与失败、平凡与伟大，往往没有多大的距离，就在一步之间，咬紧牙关向前迈一步就成功了；停住了，泄气了，只能是前功尽弃。这一步就是韧劲的较量，是意志力的较量。

显微镜的发明者竟是荷兰西部一个小镇上的门卫，他叫万·列文霍克。

为了让时光不会因在门卫这个无所事事的岗位上浪费掉，他选择了学习用水晶石磨放大镜片，磨一副镜片往往需要几个月的时间，为了不断提高镜片的放大度数，他一面总结经验，一面不间断地磨着。尽管人们不愿干这种单调重复的劳动，但他并不厌倦，几十年如一日。直到第六十年时，他终于磨出了能放大三百倍的显微镜片，使人类第一次发现了细菌。于是他成了举世闻名的发明家，得到了英国皇家的奖励。

难以想象，六十年的岁月，一种单调的重复劳动，这需要多么大的韧性！

你越是急躁，在错误的思路中就会陷得越深，就越难摆脱痛苦。

浮躁心理的产生有社会和个人两大方面的原因。

社会原因。目前我国正处在社会变革时期，原有社会制度和结构受到很大冲击，每个人都面临一个重新定位的问题，感到很难把握自己的未来。于是患得患失、焦躁不安、迫不及待等就不可避免地成为一种社会心态。

个人原因。个人攀比是产生浮躁的直接原因。我国的改革开放，“允许一部分人先富起来”，有的人较早获得成功，有的人却迟迟没有什么进步，于是攀比在所难免，往往造成浮躁心理。

浮躁使人失去对自我的准确定位，使人随波逐流、盲目行动，对社会、国家和个人的发展极为有害，必须加以克服。

浮躁心理的调适办法有以下几种：

1. 知己知彼

比较是个体获得自我认识的重要方式。“有比较才有鉴别”。但比较要做到“知己知彼”，要从个人的能力、知识、技能等许多方面进行综合的合理的比较，既要看到长处也要看到短处，才不致产生心神不宁、无所适从的浮躁心态。

2. 善于思考

考虑问题应从现实出发，不能随波逐流，思辨地看待拜金主义、个人主义、盲从主义等社会不良之风。站得高才看得远。

3. 勤于务实

做事要有开拓、创新、竞争的意识，更要有持之以恒、任劳任怨的务实精神。俗话说："创意点亮生活。"可是，如果仅仅是一个空想主义者，没有将想法用实际行动表现出来的话，一切创意均为空谈。

六、越怕越来的恐惧

生活中，我们必然会遇到许多担心、烦恼、胆怯、恐惧的事情，然而你越是担忧、恐惧，担忧、恐惧越是缠住你不放。例如你刚学会开车，就怕撞人，恰恰你真的撞了人；你害怕考试发挥不出水平，结果考试果真一团糟……恐惧的心理状态，将是你成功的头号敌人，是事业的最大杀手。它会阻止你迈出成功的决定性的一步，它也会折磨你的身心，使你生病、缩短寿命。这绝非危言耸听。

暑假，一帮家长商议，请街坊在体院学习的邻居Y教孩子们游泳。Y爽快答应，说一定教他们学会游泳，条件是家长不能在场。Y教了孩子们一些基本知识，然后给他们救生圈，让他们往水池里跳，可是孩子们不敢，有的还悄悄后退。Y没有客气，就把他们推下水……一次，两次，孩子们再不怕了。

可见，行动可以治愈恐惧，而犹豫、拖延则助长恐惧。比如，你越是对一场关键的演讲比赛发憷，你就越没有勇气去演讲。假如你没有退路，一开始硬着头皮走上演讲台，想到我就这样了，你反而可能会镇静下来，较为顺利地达到目标。面对害怕的情景，拖延的时间越长，恐惧会越厉害。即使硬着头皮走上演讲台，也可能结结巴巴、忘词丢句。

一般来讲，人们所恐惧的事物是真实存在的，例如自然灾害、生意亏损、投资失败、人际关系发生严重问题等。要想把恐惧拒之门外，要消除它，只有采取实际的行动。不采取行动，恐惧感不但不会减弱，反而会增强，并且最终打垮你。

一场大暴雨，引发山洪，曾经的家园成为废墟。许多人深感恐惧，在那里痛哭流涕，觉得前景渺茫。有一个男人，默不作声地从废墟中捡出已经破损的铁锅，然后又挑出一块又一块砖，放到一边——这是重建家园所必需的。他的行动号召了家人，鼓动了他人，大家抹去眼泪也默默地干了起来。

对某些事物或情景合情合理的恐惧，可使人们更加小心谨慎，有意识地避开有害、有危险的事物或情景，以利更好地保护自己，避免遭受挫折、失败和意外事故。但不正常的恐惧，则是最消极的一种情绪，并且总是和紧张、焦虑、苦恼相伴随，使人的精神经常处于高度的紧张状态。因此它必然损害健康，引起各种“心因性”疾病，长期的极端恐惧，甚至可使人身心衰竭，失去宝贵的生命。不正常的恐惧心理，还会严重影响一个人的学习、工作、事业和前途，为了自己的健康和进步，有恐惧症的人必须下定决心，鼓足勇气，努力战胜自己不健康的恐惧心理。

1. 认真学习科学知识

一位心理学家说得好：“愚昧是产生恐惧的源泉，知识是医治恐惧的良药。”的确，人们对异常现象的惧怕，大都是由于对恐惧对象缺乏了解和认识引起的。例如，有的青年人因受迷信思想的影响，惧怕“鬼火”，以为真是在闹鬼，因此夜晚路过旷野一见闪闪烁烁的“鬼火”就怕得要命，惊恐而逃。如果他们学习有关科学知识，明白了“鬼火”原来是人或动物的尸骨散发出来的磷化氢的自燃现象，对“鬼火”的恐惧心理就会顿然消失。对其他事物和情景也是这样，只要通过学习，了解其相关的知识背景，揭去神秘面纱，就会很快消除对某些事物或情景的无端恐惧。

2. 主动接触恐惧对象

经常主动接触自己所惧怕的对象，在实践中了解它、认识它、适应它、习惯它，就会逐渐消除对它的恐惧。例如有的人怕高、怕游泳、怕猫、害怕异性，可以采取脱敏法慢慢消除恐惧感觉，从而减少恐惧情绪，只要经常多实践、多观察、多锻炼、多接触，就会增长胆识，轻松起来。

3. 适时转移注意力

把注意力从恐惧对象转移到其他方面，以减轻或消除内心的恐惧。例如，对付在众人面前讲话的恐惧心理，除了多实践、多锻炼外，每次讲话时把自己的注意力从听众的目光、表情转移到讲话的内容上，再配合“没什么可怕的”等积极的心理作用，心情就会变得比较镇静，说话就会比较轻松自如了。如果不正常的恐惧心理没有被及时克服，就可能进一步发展为恐惧症。

七、给自己的定位脱离自身实际

心中有脱离自身实际的过高的期望值，就好比跳高一样，一旦跳不过去，将会产生无尽的烦恼和压力感。在竞争激烈的社会里，谁都想取得高学历，谁都想得到好岗位，谁都想获得好待遇，谁都想家庭和睦、子女出人头地，谁都想居住宽敞、香车代步……但是这些不是谁都能称心如意的，一时的不如意，某些物质的缺乏，心情的失落在所难免。适当放低你的期望值，欣然接受现实，这样生活才会轻松。

三年以来，F经常感觉头痛、失眠，还伴有晕眩、恶心、呕吐等症状。虽经治疗已不再有呕吐的症状，但还是时而头痛、失眠。而且，有一件事压在他的心头，成为他的心病。

他告诉咨询师说：

“我是家中唯一的孩子，父母都是教师。从小母亲对我要求很严，六岁时送我上小学，数年如一日不顾劳累，耐心辅导我。我也很争气，学习成绩一直名列前茅。读重点高中后，母亲对我要求更严，还为我设计了未来的人生道路——考入全国名牌大学、读硕士、博士、出国留学……老师对我也寄予很大的期望，同学们也都认为我能成功，我也信心十足，满有把握。哪知天有不测风云，高三一天放学回家的路上，无端遭到流氓殴打，只觉头部左侧被类似木棒一样的硬东西重重一击，眼前电光一闪，一阵剧痛，便晕了过去。住院治疗和在家休养期间，头痛稍轻一点，我便咬牙坚持自学。一个多月后，又继续跟班学习。虽然有时头部像炸裂一样疼痛难忍，但我仍以顽强的毅力完成了学业。为了让母亲宽心，不为我的病痛担忧，即使头部再难受,我也装作若无其事。可我明显感到学习不像以前那样得心应手，用脑时间一长，就像机器生锈一样运转不灵，记忆力似乎也不如以前。疼痛起来，总感到恶心，却什么也吐不出来。"说完之后，他便极度伤心地痛哭了起来。

……

咨询师告诉他："你的心情我能理解，我要告诉你的是，经过一段时间的治疗你的病一定会好的。"

F 遭遇苦难，除了流氓的作孽，再就是定位超限。父母、老师、同学巨大的希望，成了他的巨大压力，以致在难以承受学习任务的情况下，强力而为，使身体、心理再次受伤。

我们每个人都应该找准符合自己实际能力的人生坐标。

1. 确立正确的人生观

确定正确的人生观。要加强学习，从圣人先哲的著作中去领悟做人的道理，从社会楷模的言行中去学习做人的道理。同时要善于思考，思考能帮助你透过现象看本质，把握社会发展主旋律，使你能站在较高的角度看待人生与社会，以正确的逻辑推理在变幻莫测的社会事务中作出正确的选择。

2. 加强个人的品德修养

对自己要高标准，严要求，要"一日三省吾身"，有"慎独"的人格，绝不"跟着感觉走"，也绝不从众，人云亦云。有强烈的社会责任感，努力去履行自己的道德义务。

3. 纠正认识的偏差

即从纠正最小的错误做起。例如有不相信他人的错误定式，可以考虑从以下顺序来纠正：相信自己——相信家人加相信朋友和相信同事——相信多数人都是善良的。由易到难，循序渐进地进行纠正。

八、做了虚荣的俘虏

面子观太强就是虚荣，虚荣心重就会追名逐利，无端攀比，看到他人强过自己，发现别人过得比自己好，心里就不平衡，就去盲目追求那样的目标。

从前，有一只老鼠生下了一个漂亮的女儿，老鼠总想把女儿嫁给一个有权势的人。

它看到太阳很非凡，就巴结太阳说："太阳啊！你多么伟大、能干，万物没有你简直就无法生存，你娶我的漂亮女儿做妻子吧！"太阳客气地回答："我不行，因为乌云能遮住我，把你的女儿嫁给乌云吧。"老鼠又去找乌云，老鼠对它说："你娶了我的女儿吧，你有这样神通广大的本领，我真敬慕你。"乌云说："不行，我没什么本领，我比不上风，风一吹，我就被吹跑了。"老鼠一听，原来风比乌云更有本领，就找到风，对它说："风啊！我可找到你了，听说你很有本领、有权威，我愿将我美丽的女儿嫁给你。"风一听这无头无尾的话，紧锁双眉说："谁稀罕你的女儿，你去找墙吧，它比我行！"老鼠一听，又决定去找墙。墙偷偷地说："我倒是怕你们这些老鼠，你们一打洞，我可就危险了。我不配做你的女婿。"老鼠一想：墙怕老鼠，老鼠又怕谁呢？它忽然想起了祖宗的古训，老鼠生来是怕猫的。它就赶紧去找猫，点头哈腰地说："猫大哥，我总算找到你了，你聪明、能干，有本事、有权威，做我的女婿吧！"猫一听，倒是爽快地答应了："太好了，就把你女儿嫁给我吧！最好今晚就成亲。"老鼠一听，猫大哥真不愧是有魄力、有作为的男子汉，这下总算给女儿找到如意郎君了。于是喜滋滋地跑回家去，大声对女儿说道："终于给你找到好靠山了，猫大哥最显赫、最有权势，你能享一辈子福了！"当晚就把女儿打扮起来，请来了一群老鼠仪仗队，打着灯笼，敲着锣鼓，吹吹打打地把女儿用花轿送到了新郎的住地。猫一看，老鼠新娘来了，等轿子刚进门，还未等新娘下轿就扑了上去，一口将可爱的新娘吞进肚里去了。

故事中的老鼠因面子而丢失了性命，现实生活中，许多人因面子问题为日后埋下隐患和祸根的例子也屡见不鲜。所以，无论是在人际关系上还是事业中，一定不要因为小小的面子，而在公共场合表现出自己本没有的本领，也就是千万不要逞强好胜。

面子是什么，是虚荣。在压力之下，虚荣心理如果不能及时释怀，还会产生心理障碍或者疾病。

虚荣心就是以不适当的虚假方式来保护自己自尊心的一种心理状态，是为了取得荣誉和引起普遍注意而表现出来的一种不正常的社会情感。简单地说，所谓虚荣心就是扭曲了的自尊心。

人为什么会产生虚荣心呢？这与人的需要有关。人类的需要有很多种，按照马斯洛的理论，包括生理需要、安全需要、归属和爱的需要、尊重的需要、自我实现的需要等。一个人的需要超过了自己的担负能力，就会想通过不适当的手段来达到自尊心的满足，这就产生了虚荣心。虚荣者在虚荣心的驱使下，往往只追求面子上的好看，不顾现实条件，最后造成危害。有时甚至产生犯罪动机，带来非常严重的后果。

虚荣者的内心其实是空虚的。他们表面的虚荣与内心的空虚总是不断地斗争：没有满足虚荣心之前，因为自己不如他人的现状而痛苦；满足虚荣心之后，又唯恐自己真相败露而受折磨。虚荣者的心灵总会是痛苦的，完全不会有幸福可言。虚荣心男女都有，但总的说来，女性的虚荣心比男性强。有的少女甚至为了满足物质的追求而牺牲自己最宝贵的贞操，是值得深思的。虚荣心带给女性的痛苦比男性大得多。

克服虚荣心的方法如下所列。

1. 要有自知之明

人要有自知之明，要做到正确认识自己的优缺点，分清自尊心和虚荣心的界限。同时，要对自己采取实事求是的态度，避免过高估计自己，进而克服自以为是的虚荣心理。当然，也要防止因自卑而走向追求满足虚荣心的心理补偿行为。

2. 做到自尊自重

诚实、正直是做人最起码的要求。我们绝不能为了一时的心理满足而丧失人格。只有做到自尊自重，才不至于在外界的干扰下失去人格。我们要珍惜自己的人格，高尚的人格可以使虚荣心没有抬头的机会。

3. 追求内心的美

人应该追求内心真实的美，不图虚名；一个人追求真善美就不会通过不正当的手段来炫耀自己，就不会徒有虚名。很多人能在平凡的岗位上做出不平凡的成绩，就是因为有自己的理想。

4. 摆正失衡心态

横向地去跟他人比较，心理永远都无法平衡，反倒会促使虚荣心越发强烈，要比就跟自己比，看看各方面有没有进步。盲目攀比引发的虚荣心漫溢，只会让自己被别人蔑视和否定。摆正失衡心态，不贪图虚名，脚踏实地地生活才是正道。

九、放松，放松，别紧张

紧张是一种习惯，放松也是一种习惯。坏习惯可以改正，好习惯可以慢慢养成。

那么，你怎么放松自己呢？是从大脑开始，还是从神经开始？都不是，你应该从肌肉开始放松。为了说得具体一点，我们假定由眼睛开始，先把这一段文字读完，然后向后靠，闭上眼睛静静地对你的眼睛说："放松，放松，不皱眉头，不皱眉头，放松，放松……"你不停地慢慢地重复约一分钟……

G，现在是一个著名企业的老总，他也有过这样的经历。小时候，家里很穷，书本都买不起，是好心的老师资助了他，他发誓要好好学习，出人头地报答那些好心人。他的成绩一向很好，可是到了高中反倒从全校前三名出局了，因为他每到考试都异常紧张，生怕考不好。进场前，他不停地上厕所，其实也尿不出来。后来，老师发现了他的问题所在。对他进行了多次开导，告诉他如何放松肌肉，如何深呼吸，如何认识知识要点与考试的关系，后来老师叮咛："把自己想象成一只松垮垮的旧袜子，你就一定会松弛下来！"他认识到了紧张是考试的大敌，紧张使水平不能发挥，那么自己何必紧张呢？他在老师的进一步指导下，逐渐放松下来，顺利考取一类大学。

下面介绍几种消除紧张情绪的妙计，希望对还在紧张的人们能够有所裨益。

1. 想说什么尽管说

当有什么事烦扰你的时候，应该说出来，不要存在心里。把你的烦恼向值得你信赖的、头脑冷静的人倾诉：你的父亲或母亲、丈夫或妻子、挚友、老师、学校辅导员等。

2. 暂时放一放

当事情不顺利时，你暂时避开一下，去看看电影或一本书，或做做游戏，或随便走走，改变环境，这一切能使你感到松弛。强迫自己"保持原来的情况，忍受下去"，无非是作自我惩罚。当你的情绪趋于平静，而且当你和其他相关的人均处于良好的状态可以解决问题时，你再回来解决你的问题。

3. 每天自省

每天自省，并且自问："我做事有没有讲求效率？有没有让肌肉作不必要的操劳？"这样会使你养成一种自我放松的习惯。晚上再作一次总的反省。想想看："我感觉有多累？如果我觉得累，那不是因为劳心的缘故，而是我工作的方法不对？"丹尼尔·乔塞林说过："我不以自己疲累的程度去衡量工作绩效，而用不累的程度去衡量。"

4. 改掉发脾气的习惯

当你感到想要骂某个人时，你应该尽量克制一会儿，把它拖到明天，同时用抑制下来的精力去做一些有意义的事情。例如做一些园艺、清洁、木工等工作，或者是打一场球或散步，以平息自己的怒气。

5. 记着要谦让

如果你觉得自己经常与人争吵，就要考虑自己是否过分主观或固执。要知道，这类争吵将会对周围的亲人，特别对孩子的行为带来不良的影响。你可以坚持自己正确的东西，静静地去做，给自己留有余地，因为你也可能是错误的。即使你是绝对正确的，你也可按照自己的方式稍作谦让。你这样做了以后通常会发觉别人也会这样做的。

6. 保持轻松状态

身体的紧张会导致肩痛和精神疲劳，所以，应尽量在舒适的情况下工作。让身体像只旧袜子一样松弛。要不你就在办公室里放上一只褐色的袜子，好随时提醒自己。如果找不到袜子，你可以放一张猫的照片。你见过睡在阳光底下的猫吗？它全身软绵绵的，就像泡湿的报纸。

心理学研究表明，压力的产生与人的情感、心态、性格有着密切的联系，所以培养健康的情感，建立良好的心态，塑造坚强的性格，对战胜压力是十分重要的。

不管怎样分析，压力终极根源的关键，就是我们的内心。外界的环境或别的一些因素，虽然也能产生压力，但来自我们内心的一种战胜压力的精神，却可以把这些痛苦的伤害尽量减到最低，而且不损害其积极解决问题的意向。所以，我们一定要让我们的心灵健康。

咨询师处方：快乐减压

一、“跳”掉压力

跳舞是人类与生俱来的本能，就像唱歌一样。人类跳舞的历史就跟直立行走的历史一样悠久。事实上，这可能是人类之所以要直立行走的重要原因——四肢着地怎么能跳舞？特别是双人舞，或是团体舞。

跳舞是充满喜悦的。你也许会觉得举重很有意思，或者你认为花四十五分钟在跑步机上的感觉很棒，但我认为，跳舞带给人们的乐趣是大不相同的，那是一种从骨子里涌出的喜悦，并且是一种使我们更贴近人的感觉。看看那些跳舞的人的脸庞吧！他们的脸上总是散发着一种光芒，而我不相信你能在健身中心或是越野赛跑中看见这种光芒。当舞者流汗时，他们微微笑着，而他们的微笑是灿烂耀眼的。

我所指的不是专业的舞者，而是在街角教会跳街舞、在公共场所大扭秧歌的人们，以及在城里的俱乐部自由自在地跳舞的情侣们。

有许多方法能将舞蹈带进你的生活中：拉上窗帘，放个音乐，然后移动你的身体。如果你想闭上眼睛也没问题。

选择一种你喜欢的舞蹈，然后去学习有关的舞蹈课程。这些舞蹈班很容易就可以找到。若上课会令你觉得局促不安，社区的舞会也许是一个好的起点。你不必一定要有个舞伴，大多数的舞步都很容易，音乐也会令你想舞动起来，在人群中，你可以很容易地随着音乐翩翩起舞（如果有必要的话，浑然忘我也无所谓）。

二、“唱”跑压力

人人都会唱歌。真的，每个人，即使是你，尽管五音不全，也可以唱。你是在表达一种情绪，而不是表演。曾经说自己不会唱歌的人错了——不论他是谁。

人人都会唱歌，这是我们身为人类的天赋资产。不论何时，不分地域，歌曲始终是人类文明的一部分。有史以来，人类就会唱歌咏叹。

歌唱能让人感觉愉悦，能让你轻松地、较不费心力地好好练习呼吸。即使你一点也不喜欢呼吸练习这回事，等你的呼吸很顺畅的时候就是你唱歌的时候，你可以打开音响或电脑，把你自己喜欢的歌放到最大声，然后跟着哼唱。在歌曲结束之际，你会发现你的心情好极了，你甚至没意识到自己完成了呼吸练习。

即使你并不是一个好歌手，你也可以自由自在地放声高歌：在车里唱歌，或是在淋浴时，独自一人在家时，则更应当这么做。不过，在车里唱歌是首选，因为与在家里相较，你可以用较低的分贝，让乐声环绕在你的四周。另外，你在车里边唱边动，消磨坐在方向盘前的时光。

在别人这么做的时候，你也许会觉得他们看起来像个傻瓜，当别人开车经过他们时，都会露出嘲弄的神情。但当你也像他们一样这么做的时候，你看起来是相当的酷，每个看见你的人都会嫉妒、仰慕。就假定你看起来也会很酷吧！

如果你觉得在车里唱歌太过吓人，那就从边淋浴边唱歌开始吧！没有人会对他人淋浴时唱出的歌声进行评分，这是不应该的，所有淋浴时的歌声都该被接受。但如果你担忧自己的歌声，那么找台收音机放在浴室里，将它打开，跟着唱，这样就不会有人听到你的歌声，你也可以放声高歌了。

三、旅行减压

很多人长时间为工作而忙碌，牺牲了太多和家人团聚的时间，匆匆吃饭，匆匆赶路，匆匆睡觉，匆匆上厕所，透支着自己的体力、精力，使得身心疲惫，内心压抑，心情郁闷，对工作以外的事情都失去了兴趣，甚至对工作本身的热情也日渐降低。好容易等来个长的假期，也无心计划怎样去消费它了。或者吃吃睡睡，大补特补，养就一身肥膘，或者是沉迷于牌局，搓它好多天，抑或既考察又学习，既培训又上课，一刻不得闲。

其实外出旅行倒是一个可以放松的好方式，但是好多人却认为跋山涉水、翻山越岭的，岂不是更累，还不如在家睡觉呢！这是因为他们没有认识到旅行的真正价值。

1. 放松身心，掌控自我

假期可以使我们暂时脱离生活原本固定的快节奏，有一大把的时间交给你自己安排利用。可以自己做主，跟着自己的步调走，不用害怕别人的赶超，也不用担心自己会落后。从程式化的工作中走出来，恢复一个丰富多彩的自己，把意念停留在潺潺的河水、啾啾的鸟鸣、巍巍的青山、茫茫的大海中，体验狭小空间之外的广阔天地，使人褪去麻木而疲惫的外壳，感受心灵的平静和释然。

2. 愉悦精神，激发力量

旅行本身就是一种具有审美性质的感知活动。大自然充满温情的风光，比之冰冷的钢筋混凝土的建筑，更让人感觉亲切和松弛。锦绣的山水风光、具有历史内涵的人文景观、异域独特的民俗风情，给人赏心悦目、耳目一新的满足感，使人获得精神上的愉悦。同时，旅行中的翻山越岭、长途跋涉，也是对人的意志的磨炼，经过辛苦努力攀越高峰险阻而获得成就感，更容易激发人们的潜能、增加自信，当工作中再遇到困难时，就有了发表豪言壮语的资本，“那么高大雄伟的泰山都让我征服了，这点小小的困难不足为惧”。无形之中就增强了你的应对能力，对你事业的成功大有裨益。

3. 开阔眼界，结交朋友

古人云：“读万卷书，行万里路。”永远把自己封闭在一个小圈子里，闭门造车，只会孤陋寡闻，难成大事。旅行则是行万里路最好的方式，让你从第一线获得更多更广的直接经验，社会的、自然的、历史的、人文的知识，很多通过书本无法得到的，通过旅游，你会亲眼看到、亲耳听到、亲身感受到，增加知识，开阔眼界。工作中的很多创意和经验也许就是从大自然中得到启示的。

千里难寻是朋友，朋友多了路好走。也许在旅途中你会结识一个或一些志同道合的朋友，从而影响你的性格，排解你的忧愁，增加你的智慧，改变你的命运，或者是将会陪伴你一生的红颜知己。相逢就是缘分，说不定你的命中贵人，就在某个地方等着与你相遇。

4. 整理心绪，增进感情

工作第一，生活第二，是工薪一族默认的法则。只因工作太忙太累而牺牲了和家人在一起的时间，夫妻之间变得陌生，父子（女）变得见外，理解归理解，埋怨还是会埋怨，一千一万句抱歉，不如和家人开开心心地待上一段时间。

假期来了，带妻子、子女出去旅游一趟，大家一起放松放松，在相互扶持、相互依偎、相互关爱中，使夫妻更加恩爱，父子（女）更加亲密。或者带着父母出外转转，让父母见见大城市，体验体验时尚，也是一种回报父母的很好的方法。

俗话说，当局者迷，整日的繁杂工作，难免让人糊涂、迷惑、困顿，而当你从其中走出来，给自己一个整理思绪的机会，冷静地审视全局，也许你会发现，事情其实并没有想象的那么困难，巨大压力造成的焦虑和烦恼也就随之减少或者消失了。

旅行是一种具有审美性质的社会活动，也是一种有效的解压方法，适用于很多人群，比如，被紧张的工作折腾得身心疲惫的都市白领，工作中遇到挫折或打击的失意人，感情上失恋或离婚的青年男女等，都可以通过亲近自然，游山玩水，或到异国他乡体验奇异风俗来放松心情，缓解压力，治愈伤口，平抚悲伤。

但是由于旅行是一种消费，经济上困难的人则不太适合，如果打肿脸充胖子，不仅无法减轻压力，反而会增加更多不必要的烦恼。其实旅游也不一定非要出国或者去什么名胜古迹，骑车到风景清雅的郊外或人情淳朴的农家去转转，也可以达到同样的效果。还有就是旅行比较消耗体力，长途跋涉，一路颠簸是不可避免的，因此如果是身体虚弱或患有心脑血管等疾病的人，则不宜远游。

当然，也许你并不喜欢跳舞，又不爱唱歌，更不愿意出门旅行。这可怎么办呢？压力才不会因为你的个人喜好放弃你！那么，你用一颗细微、敏感的心去感受、去寻找，直到找到适合的方式，比如，你可以在午后的阳台上慵懒地看书，你可以独自去看一场让你爆笑的电影，你可以在嘈杂的大街上看来来往往的陌生人，甚至可以在别人听不到你声音的地方号啕大哭……

总之，只要你在做完这些事情之后，感觉特别轻松就行。

甩掉包袱轻装前进

清点自己的压力

心理健康自测表

就你最近一段时间里的情况进行自我测验，请你对照每一问题所列的症状，如果你的情况大体是这样，就记 2 分；如果基本未出现过，记 0 分；如果是介于二者之间，则记 1 分。

1. 想事情或做事时常常无故走神，注意力难以集中，脑子里胡思乱想，记忆力下降。

2. 出门后常想门或抽屉是否锁好；信寄出后总怀疑是否有差错；常强迫自己想或做一些无意义的事情，明知不必要却又无法控制。

3. 常常失眠，或入睡困难，或浅睡多梦，频频醒来，次日感到精力不足。

4. 处于敏感、紧张、焦虑的心境之中，惧怕并尽可能回避某人、某地、某物，渐渐失去信心，心情抑郁。

5. 最近看什么都不顺眼，心烦，动不动就发脾气、摔东西、骂人甚至想找人打一架。

6. 有时常常不明原因地感到疲劳，精力不足，浑身乏力，肢体有麻木感。

7. 情绪低落，感到生活道路上有太多的挫折和困难，前途悲观，工作、学习、娱乐都提不起精神和兴趣。

8. 感到身体有某种不适或疼痛，觉得身体有病，但检查结果说没病，怀疑是误诊或漏诊，心中老想着此事，非常烦恼。

9. 无法控制自己的情绪和行动，常不分时间和场合地发脾气，易兴奋，想到好笑的事就笑，控制不住；或心情不好时会晕倒，甚至突然失语、失明、胸闷、抽搐，发脾气后又后悔。

10. 对一些声音和强光等敏感，影响情绪和睡眠，怕出门，怕拥挤，认为自己是敏感多疑胆小怕事的人。

11. 好思虑，好幻想，做事过于认真，要求十全十美，喜欢诸事刨根问底，别人评价自己主观、固执、刻板。事情没做好便耿耿于怀。

12. 害怕高处、险处，害怕异物、血液、传染病，害怕亲人突然离去，害怕抛头露面。

13. 别人说自己有病，自己不对，但自己却认为是别人不理解自己；别人不对，都在嘲笑自己，故意与自己作对，事后虽然觉得可能是自己错了，但又不愿多反省。

14. 独处时，竟听到了有人讲话的声音，大白天曾见过死去的人，认为周围的人跟踪自己，或想害自己，觉得自己想的事似乎别人都知道。

15. 最近什么也不想干，非常烦恼，但又没有明确原因，即使做一些事也常常不能使烦恼分散或减轻，烦恼如阴魂附身，难以摆脱。

得分分析：

各项所加而得的分为总分。

总分如果在 8 分以上，就该去看心理医生；如果在 3 分以内，说明你的心理是健康的；如果在 4 ~ 8 分之间，就要注意，最好也去作一下心理咨询。

清点自己的压力

一、做个健康的人

把下列几个方面做好，你一定会健康。

1. 健康的生活方式

不吸烟，少喝或不喝烈性酒，每周至少进行 3 次体育锻炼，每次锻炼时心率要达到适当水平（例如 120 次 / 分钟）。体重不超过标准体重的 20%，天天吃一顿丰盛早餐，不吃零食，每天睡眠 7 ～ 8 小时。每天食盐量保持 59 克左右。

2. 良好的社交能力

社会交往适应良好，能和朋友、邻居、同事、配偶、父母、子女融洽相处，从无伤害他人的行为。

3. 正常的心理情绪

情绪健康，愉快地从事建设性工作、学习。了解自己每天的情绪状态及问题，知道如何处理它们。

4. 健康的精神状态

精神健康，认知正确，自己的行为及偏爱和自己的价值观是一致的。

5. 壮实的身体素质

具有良好的体魄，能灵敏地理解身体传递的各种需求信息，例如应对疲劳、病感等，及时发现，有利于作出何时去寻求医生帮助的决定，还应坚持参加每年一次的体检。

二、现代人承受着怎样的压力

压力的本源在自身。我们要认识自己，了解自己的人生价值观，清楚自己的思想动机、目标、志向，还有自己的生活习惯、思想习惯、优点、弱点等。把结果一一写下来，再分析自己内在压力是如何形成的；接着转而向外，看看外界的种种环境、因素是如何对自己施加压力的。由此，可以认真地重新规划人生，不妨开列一张清单，再考虑哪些是自己最想获得的，哪些是比较次要的，哪些是可有可无的。把可有可无的删掉，把次要的进行淘汰，把最想得到的筛选、排序，然后静心想想，实现了将如何，不能实现又将如何？这样你就对自己的内心比较清楚了。

等你真正弄明白你的内心以后，你会发现自己有自己独到的生活方式，也有独到的追求目标，你就有能力应对日常所见的压力。

经济原因是压力一大重要来源，尤其是在现代社会，各人都会面临各种各样的经济压力，如果坦然接受，压力之下也能应对自如。最简单的办法就是用最低的要求、有能力做到的作为标准，如无钱购房就不买房，即使要结婚也不勉强而为，租房结婚也未尚不可；没有钱去旅行，就看碟片欣赏风光美景。如此一来，压力自然就小了很多，甚至完全消失。

人际关系也是现代人压力的又一个重要来源。留意自己处理人际关系的态度，便会发现很多压力是自己找来的，因为自己的处理方法不当，问题才因此产生。给人理解和帮助，真诚地善待他人，无私地宽容别人，必然会获得一个好人缘。

行为与内心之间的矛盾又是产生压力的一大原因，行为和思想脱节，才产生压力。对喜欢的人装作不喜欢；想说“不”的事情却要“心甘情愿”地接受，内心痛苦却要面带微笑，凡此种种，习惯了欺骗自己的内心，每一次违逆，压力便在心中多了一次滋长的机会。长此以往，真实的自我不复存在，而只有一个受到种种制约的可怜的“无魂人”。这是可悲又可鄙的，必须改变，回归自我。

从我们在生活中扮演的角色的角度来说，每个人都有许多的责任，有责任就要敢于承担，如果逃避，或是转嫁，虽然躲过了一时，但良心和舆论会谴责，你的内心便产生了压力。与其悔恨，不如现在做好。

生活中很大一部分压力，来自自己的习惯，包括思想习惯和行为习惯。因为习惯已成为一种定式，遭到破坏必然造成压力。

就拿退休这件事来说，许多人在退休前，几乎都是以工作为重，工作成为生活的重头戏，工作已然成为一种习惯。可是一旦退休，一切的习惯都被中断，自己要和几十年的习惯去宣战，谈何容易！于是，自己感觉被抛弃，感觉自己无用等，压力也由此产生。心情阴郁，无精打采，心里总是空荡荡的。

事实就是这样，哪怕只是一些小事情，当养成了习惯之后，一旦哪天打破固有习惯，在心理上都会产生压力。比如，你每天习惯睡前喝一杯浓浓的牛奶，当你出差没有条件满足时，你的心中就会有几丝不安。我们要对自己的习惯作一次清理，把不好的习惯抛弃，把好习惯保留下来，以便有应激的心理准备。

三、给自己的压力来个绩效考核

压力这种东西看不见摸不着，那么我们如何发现它，了解它呢？

压力作用于人，在压力的刺激下，人会表现出某些症状，比如眉头紧锁、心情郁闷、沉默寡言等。通过这些症状，我们就可以来判断此人所承受压力的大小。

一般来说，压力表现出来的症状主要有三种：身体症状、精神症状和行为症状。这些症状可能有时表现为一种或两种，有时由此及彼，相互引起。例如，身体上的腰酸背痛会引起精神上的心烦气躁，或者精神上的紧张，导致心情郁闷，情绪低落，从而引起身体上的食欲不振等。

压力过大造成的身体、精神和行为的常见症状有如下众多表现。

1. 身体症状

早期压力的症状是很轻微的，表现在身体上，如腿脚颤动、手心出汗、咬嚼手指、眉头紧锁、愁眉苦脸等，这表明你已在压力的侵扰之下。不过这些症状不易觉察，往往被人忽视。若时间较长，症状就会变得严重起来，如出现腰酸背痛、浑身无力、食欲不振，这时压力的危害已经明显表现出来，应该及时调解，防止它继续滋长。其实人的身体就像弹簧一样，当一定的压力作用于人的身体时，它会启动应激机制，通过伸展，缓解不适，但如果压力太大并持续的时间较长，那么应激机制就会丧失作用，就像弹簧在长时间的重压下会失去弹性一样。所以，你只有采取积极的措施有效地减压，才能保持身体的健康状态，否则就会不堪重负，患上各种疾病。

2. 精神症状

压力不仅损害身体健康，还会给人的精神造成伤害，产生忧郁、多疑、自卑、焦虑、委靡的心理反应，精神状态不佳，懒散健忘，干什么都无精打采，缺乏激情。

3. 行为症状

身体的不适，情绪的低落，表现在行为上，则会与人争吵，失眠多动，坐立不安，大喊大叫，出现很多反常言行。这时你需要停止目前的工作，找出压力产生的原因，对症下药，试用各种方法发泄缓解。正确而有效地进行疏导，以免造成更大损害。

不管是哪种症状出现，都表明压力已经开始慢慢影响到你的身心健康，一经发现万不可掉以轻心，应该及时调节，以积极的心态迎接新一天的开始。

四、莫小瞧压力的危害

仔细体会一下，哪怕是有两个支撑点的钢梁，不断给它加压，它也会弯曲、断裂。何况于人呢！当人体长时间处在紧张状态时，就会出现不良反应。

1. 生理疾病四面开花

压力可以导致各类生理疾病的产生。

（1）心血管系统。慢性的紧张压力可慢通过高血压引起的动脉硬化导致动脉损坏，通过有黏性的白血球与成块的血小板，以及脂肪和糖的堆积引起血管的堵塞，甚至可使动脉关闭，造成心肌梗死或脑出血。

（2）肌肉。慢性的紧张压力可造成肌肉细胞缺糖……形成慢性的肌肉酸痛，特别是精神上的压力可导致颈部和腰部肌肉疼痛。

（3）胰腺。慢性的紧张压力会使皮质醇含量升高并降低胰岛素对身体的作用，导致胰腺功能过早衰退。

（4）胃。慢性的紧张压力可以使身体缓慢地增多分泌紧张压力激素，会使消化系统的血管变窄，以致出现胃壁黏膜炎症、胃溃疡和急性胃出血。

（5）免疫系统。慢性的紧张压力会使身体的免疫力下降。

（6）肌腱和关节系统。慢性的紧张压力可通过皮质醇值的升高使肌腱和关节系统受损。

2. 情绪问题层出不穷

在长期的压力重压下，如果不能及时减压，情绪上会出现如下症状。

（1）抑郁症。情绪低落，对生活失去兴趣和动力。精神委靡不振，失眠，嗜睡，反应迟钝，懒散，心情烦躁，坐立不安，悲观失望，甚至自杀。

（2）焦虑症。心情总是不安，肌肉紧张，心跳加快，盗汗，容易疲倦等，对各方面的事情均感到难以控制。失眠，精神忧郁，脾气暴躁。

（3）强迫症。出现持续而不合理的强迫意念、强迫行为。

（4）惊恐症。总是突然间感到不安或惶恐。心跳加快，呼吸困难，头晕恶心，发抖出汗，身体有刺痛或麻木感，害怕失控，害怕死亡，魂不守舍，觉得周围的事物不真实等。

3. 性格偏离更加可怕

在压力的刺激之下，性格也会发生很大变化，主要表现在以下方面。

（1）压抑。压抑是指自我阻止能够引起焦虑的思想进入意识领域的一种心理反应。它是缓解心理压力的最基本的自我防御机制。这种压抑机制能够使焦虑的思想不能顺畅地进入意识，一旦防御能力不能发生作用时，便使心里沉重，出现被压制的感觉。

（2）执拗。执拗是一种逆反心理。人在遭受重大挫折之后，失去理智而表现出顽固思想行为，顽强地坚持所认定的思想行为。具有执拗心理的人，一意孤行，始终认为自己是正确的，即使再度失败也还是不能接受事实。

（3）否定。否定也是人的一种心理应激反应，当人对实际存在的、引起忧虑的环境或事件无法接受或有意逃避时，就会对事件或环境进行否定，以此达到心理平衡，并想以此来消除忧虑，得以解脱。否定的心理就是对引起忧虑的事情的真实性表示怀疑，不承认，甚至假装不曾发生过。

（4）冷漠。冷漠就是对任何事情无动于衷，漠不关心，其内心却又十分难过和痛苦。这种状况主要是由于曾经受到巨大的挫折和伤害，害怕再度受伤，而拒绝一切可能造成痛苦的因素而采取的心理措施。

（5）挫折。在追求既定目标而受到阻碍，从而引发失望、懊恼等不愉快情绪，即挫折感。挫折可以是一种阻力，也可以是一种动力。这取决于受挫者会做出怎样的反应行为：是悲观失望，放弃拼搏；还是吸取教训，激发斗志，重新再来。因此挫折反应是具有建设性和积极性的。挫折是一个缓解和觉醒的过程，能够使人思想沉淀，痛定思痛，促进对事情的重新认识和权衡。但是如果挫折心理不能及时调整，恢复正常，那么则会让人对自己失去信心，一味地逃避，变得懦弱消极、一蹶不振。

压力还会破坏人的心理防御机制，导致严重的精神失调、错乱，神经崩溃，使人变成完全失去理智的非正常人。

4. 团体受害不容忽视

个人总是离不开集体的，无论是生活、学习、工作都是以一个大的环境为基础的。尤其是工作，个人处在一个具有较强管理秩序的团队或组织之中，组织内部的许多因素极易给员工造成各种压力，如组织变革、工作环境、企业文化等等。员工个人压力的消极反应对组织整体的影响也是十分明显的，员工如果承受压力，厌倦工作，情绪低落，那么团体的工作效率、产品质量、经济（社会）效益就会大打折扣。更有甚者，负面情绪往往会像瘟疫一样蔓延开来，严重影响团体的协作氛围。

五、人格健全了，压力就少了

健全的人格，应该具有以下二十三种要素。

◎ 诚实。诚实的人，拥有真正的自由；不诚实的人，牺牲明日的信用。
◎ 可靠。说到做到，不论他是工人还是管理者都应当言而有信。
◎ 公正。撇开偏见，一视同仁。
◎ 慈悲。有爱心，同情、帮助别人。
◎ 勇气。一往无前，敢作敢为。
◎ 谦逊。不吹嘘，不损人利己。
◎ 理性。行为贯穿理智，勇敢而不鲁莽。
◎ 自律。遵操守，守公德。
◎ 乐观。心情愉快，相信生活，相信他人，相信自己。
◎ 投入。全心全意达到目标。
◎ 主动。不找借口，愿意尝试，不怕别人嘲笑。
◎ 工作。每一种工作都体现自己存在的价值。
◎ 坚毅。果敢顽强，坚持到底。

◎负责。勇于承担责任，并对自己的选择和行为负责。

◎合作。人际和谐，互助合作。

◎管理。善用时间、资源和天赋才能，能“好好管理自己”。

◎鼓励。能在他人努力的时候给以帮助、支持。

◎宽恕。接受自己与他人的不完美。

◎服务。爱的真谛是服务，每一天每一刻，都有许多机会为他人服务。

◎捐献。能自觉自愿地施以善心。

◎机会。能把握生活中的机会，并努力成功。

◎教育。以先进的文化教育、感召他人。

◎友爱。尊敬每一个人的自由与权利，无论种族、肤色、语言或宗教。

具备上述的因素，你的人格将是健全的，如有缺失，就应该加以改正，自觉弥补。一旦你的人格健全了，那么生活和工作中的压力也就不会轻易找上门来了。

六、端正心态，直面压力

导致我们害怕压力的原因，是我们产生心理困扰的根由，是我们内心的弱点。如果我们能从根本上了解自己的弱点，对它们不是藏着、不是回避，而是正视它们、克服它们，或者避开弱点，发挥优点，压力就一定能由坏转好，变成动力。

要认识自己的弱点，就要在发现自己的弱点时，承认它、正视它，认真地分析它，然后去铲除它。

要清楚自己能承受的压力极限。

人不管在肉体上还是精神上，都有一个崩溃点。这个崩溃点因人而异。有些人可以承受这种压力，却承受不了那种压力。出现一个压力后，自己能承受到一个什么极限，应该一清二楚。

一旦知道了自己的崩溃点，就要尊重客观事实。千万不要试图超越极限。

要消除自命不凡的言行。大家都是大千世界的一个普通人，绝对不是什么“超人”，只能依照普通人的规律办事。人有七情六欲，有高兴欣喜，也有悲伤失落；既会碰到成功，也会遭遇失败。但遇喜逢悲不必大起大落，适度把握为好。

承认缺点是智慧的。人不可能十全十美。十全十美的想法是禁锢灵魂的枷锁。与其对自己的不完美长吁短叹，倒不如巧妙地利用或淡化它，化腐朽为神奇才是正确的想法。要善待自己，别对自己过分苛求。如果苛刻，必定掉进压力的旋涡。要宽容自己，原谅自己，这样才是真诚地对待自己。如果只是羡慕自己的长处，痛恨自己的短处，那么你对自己就不真诚。你的自我评价将永远无法获得稳定，也将永远无法获得幸福。接受你的一切现状，即使你跌入低谷，仍然相信自己还有成长的基础和空间。

在极限的范围内，坦然接受压力，并不等于在压力面前退却或让步，而是有了弱点时，不要因此产生困扰。在极限中，乐观地规划未来，接受压力，战胜压力，你的力量将由此而产生，你也将因此而走向成功。

认识自己的弱点才能够排除压力，只有当我们弄明白自己到底“弱”在哪里的时候，我们才能做到对症下药，压力才能够得以克服。

咨询师处方："暗示法"减压

一、自我暗示法

自我暗示是一种在现代心理治疗、心理训练中广泛运用的调节身心机能的方法。它的特点在于自己通过言语或想象使自己的身心机能发生变化。其方法简单，并且容易达到自助的效果。

运用自我暗示法缓解压力和调整不良情绪，主要也是通过言语的暗示作用。自我暗示法一般是用不出声的内部言语默念进行的，但也可以通过自言自语，甚至在无人处大声对自己呼喊的方式来加强效果。还可以将提示语写在日记本上、条幅上，贴在墙上、床头，压在玻璃板下等，以便经常鞭策自己。

1. 选择良好的时间

自我暗示的时间应选择在大脑皮层兴奋性降低的状态下进行，如早晨刚醒、中午午休和晚上入睡前进行，效果较好。在大脑皮层兴奋性很高的状态下，不易进行自我暗示。如果需要立即进行自我暗示，应该尽量使自己的身心镇静，放松精神，排除杂念后，在专心致志的状态下进行。

2. 选择适宜的方法

暗示的方法很多，究竟哪一种对自己最适合，须当留心。一般来说，暗示过程中尽量运用想象往往比自我意志努力的效果好。比如失眠很让人苦恼，但往往你越想睡，告诫自己要放松、安静，可效果越是不好。而此时若想象着身体的放松状况，具体地想象自己已处在一个十分安静的环境里，则会轻松地入眠。

3. 选择适当的内容

选择内容，标志着自我暗示的性质。我们应该选择积极的能促使身心健康的内容。倘若杯弓蛇影，就会给身心带来不良影响。在普遍暗示的基础上，加上特殊内容的暗示，如“我有信心对付各种各样的挫折”（普遍暗示），“生气是对自己智慧的侮辱，焦急是对自己无能的惩罚，而无助于事情的解决”（特殊暗示），把两者结合起来，效果则更好。

自我暗示的最佳状态是松弛和“凝神”，“凝神”是指一心不二用，仅关注于自身的目前状态和活动的一种“不费力的注意”。这可以先把注意力集中于某一事物，久之，注意力自然而然地疲倦、松弛，于是不专注于任何事物，从而使得心灵空静。在这种心境下，自我暗示的效果会更好。

二、自我暗示训练

自我暗示意味着自我激发，其意义是自己对自己诱导的全部过程。它同时也代表了自我治疗的意义。自我暗示训练已被证实能对生理和心理产生良好的效应，在欧洲，自我暗示训练也被视为放松技巧的一种。

1. 生理效应

在生理上，自我暗示训练就像其他放松技巧一样，会使得心跳速率、呼吸速率、肌肉紧张程度，以及血液中胆固醇的浓度降低，还会增加脑部的电波，并促进血液的流通。有一种叫做雷诺氏症的疾病，这种病人的症状是血液很难流到四肢上，可借助自我暗示训练，使病情有很大的改善。除此之外，对于偏头痛、失眠症或高血压，自我暗示训练也颇有效。

有少部分的研究指出，自我暗示训练对气喘、便秘、抽筋、消化不良、溃疡、痔疮、结核病、糖尿病，以及背痛，都有不同程度的帮助。

2. 心理效应

在一个自我暗示对心理效应的戏剧性表演当中，曾经有一个人在做自我暗示训练之后，可以忍受用香烟在手背上烧出三度灼伤达一分半钟之久。这个例子并不是鼓励你作此尝试，而是要告诉你，自我暗示训练可以增加对疼痛的忍受力。对于常因关节炎而疼痛的人，自我暗示训练不失为一个减轻疼痛的好方法。

在学习自我暗示时，要牢记五大原则。

（1）简洁。你的句子要简单有力。例如说："我越来越富有。"

（2）积极。这一点极为重要。如果你说"我不要贫穷"，虽未言"穷"，但这种消极的语言会将"贫穷"的观念印在你的潜意识里。因此，你要正面地说："我越来越富有。"

（3）可行。你的句子要有"可行性"，避免与心理产生矛盾与抗拒。如果你觉得"我会在今年之内赚到一百万"是不太可能的话，选择一个你能够接受的数目。例如说："我今年之内会赚到十万元。"

（4）重复。默诵或朗诵自己定下的语句时，要主动在脑海里清晰地形成意象，并且不断重复，直到深深地铭刻在你的脑海里。

（5）观想。观想自己健康，你要有浑身是劲的感觉；观想自己创富，你要有丰富人生的感受。希尔博士也指出："当你朗诵（或默诵）你的套句时……要把感情贯注进去……否则光嘴里念是不会有结果的，你的潜意识是依靠思想和感受的协调去运作的。"

此外，自我暗示训练可以降低焦虑、忧郁和疲倦的程度，并且可帮助人们更有效地应付生活压力。例如有过车祸经验的妇女，经自我暗示训练后减轻焦虑而能开车，产妇经自我暗示训练而减少生产过程的疼痛和紧张，晕车的人经训练适应晕车反应，运动员经训练减少比赛顾虑等。

三、自我暗示的基本句式

进行自我暗示或是暗示他人，以及催眠暗示，一般是用言语进行的暗示，所以掌握一点暗示言语与基本句式的知识是必不可少的。

1. 不用否定句

先比较一下下面的句式：

她不坏。——这是否定句。

她很好！——这是陈述句。

她怎样？——这是疑问句。

比较三个句型。

第一个句子，是在“坏”的前面加上否定词。但不等于“好”。不坏，只是从坏的范畴排除了，至于究竟怎样，还需要进一步说明，是另一个句子的任务。“不坏”可以理解为“不好不坏”，也可以理解为“一般”，还可以理解为“比较好”或“基本说得过去”，“还过得去”。这个句式中起实质性作用的词是“坏”。

第二个句子告诉我们“她”是一个好人，至于如何好，那是需要另外回答的问题。但我们得到了一个信息，她是人们认可的人。所以说，这个句子表达的意思是明确的。

第三个句子只是在提问，没有说明什么实质问题。总之，其意思不具体、不明确。

进行暗示，就需要使用明确具体的词句。所以，在实际应用中，应当尽可能使用肯定性的陈述句，这样可以让自己、让他人的心中洋溢着足够多自信。

所以，在进行暗示时，否定句应尽量排除。

例如：

从明天起，我再也不睡懒觉。

我以后做事必须小心，遇事不要惊慌，说话不要啰唆。

我是不愿做那种口是心非的小人的。

你以后不能偷懒。

你不能再固执己见。

你自己体会一下，上面的内容换成肯定句式怎么说为好呢？

下面有供你参考的句子，对上面的五个句子作了改变，请体会。

从明天起，我要按时起床（早睡早起）。

我以后做事必须小心，遇事沉稳（冷静处事），说话简洁（讲话干脆）。

我要做表里如一的人（言行一致的人）。

你以后会踏实（做事能卖力气）。

你要多听取大家的意见（有时应该改变自己固有的观念）。

2. 不用疑问句

例如：

你想成功吗？

我那么做对吗？

你什么时候才能搞清楚它的真实含义呢？

我的这些不良习惯真的可以改正过来吗？

你难道不想心情愉快吗？

这些句式改变为陈述性的肯定句式会是怎样的呢？你不妨自己试着改变一下。

3. 多用肯定句

我的奋斗目标一定能实现。

从今天开始，我的心情会越来越好，精神更加充沛。

一切已经过去，明天就是美好的一天。

你要充满自信，你有许多强过别人的地方，要善于发现自己的优点，并且发扬光大。

你是聪明的，这次考试失误了实属偶然，下次必定会考好的。

这些句式有长有短，但意思（比喻、寓意）都是很明晰的。在实践中要多多运用这样的句式。

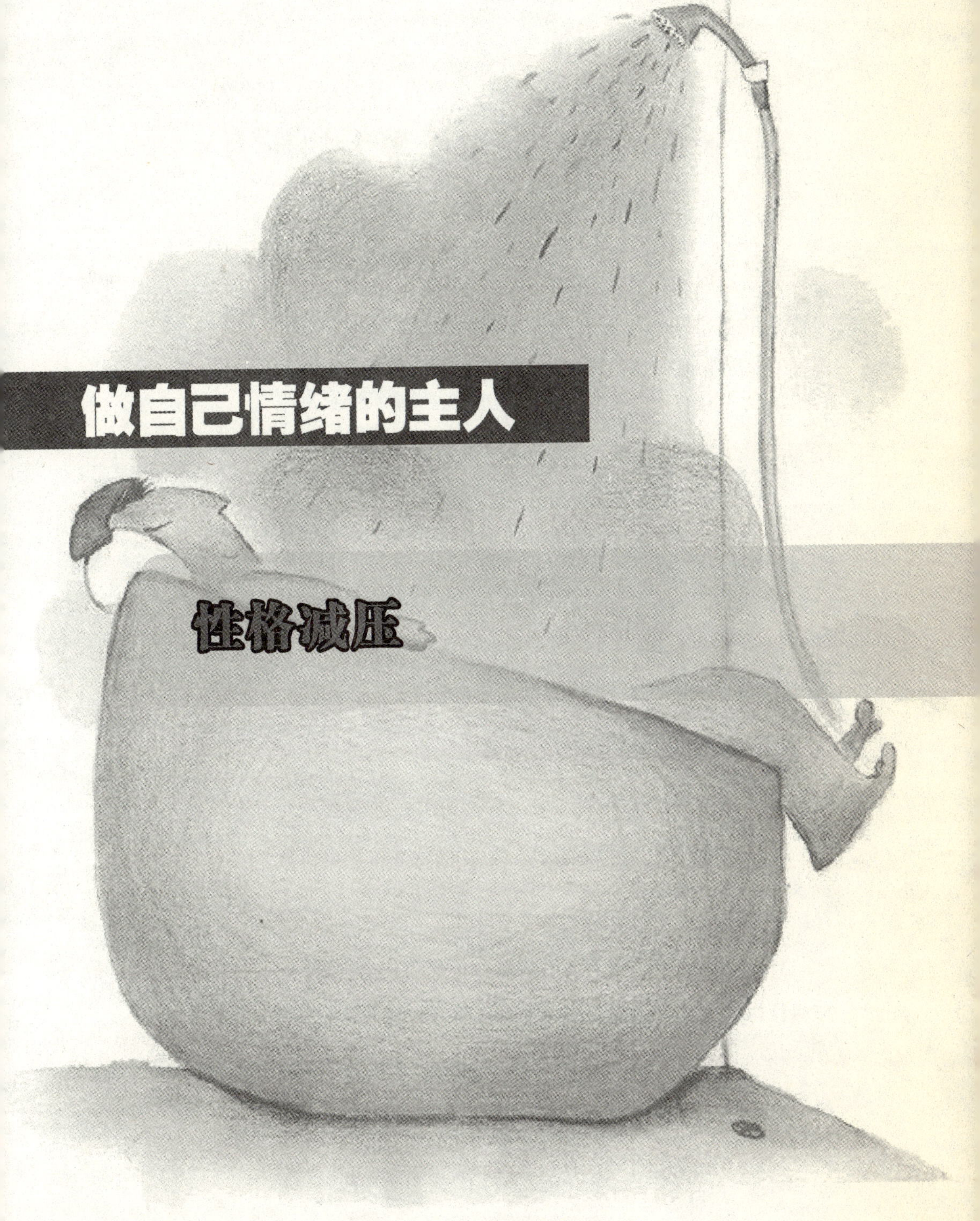
做自己情绪的主人
性格减压

你的性格能承受多大的压力

你知道你的性格能承受多大的压力吗？你是喜欢安于现状，还是热衷于激烈的竞争和挑战呢？做完下面的测试，你就知道了。以下各题，你只需回答“是”或“否”。请以你的第一反应作答。

1．你一向准时赴约，从不迟到吗？

2．和朋友或者配偶比，你是否更容易和同事沟通呢？

3．你是否觉得周六的早晨比周日的傍晚更容易放松自己呢？

4．当你无所事事时，是否感觉比忙着工作时自在？

5．当你安排业余活动时，是否向来都非常仔细谨慎？

6．当你处在等待状态时，是否常常感觉懊恼？

7．你大多数的娱乐活动是否都跟同事一起进行？

8．你的配偶或朋友是否认为你很随和、非常容易相处呢？

9．在你身边，有没有某位同事让你感觉很积极进取？

10．你在运动的时候是否常想改进技巧，多赢得胜利？

11．当你处于压力之下的时候，你是否仍会仔细弄清每件事的真相，然后再作出决定？

12．在旅行之前，你是不是会安排好行程表的每一个步骤，而当计划必须改变时，会感觉不自在呢？

13．你喜欢在酒会上与人闲谈吗？

14．你是否喜欢闷头工作从而躲避处理复杂的人际关系呢？

15．你交的朋友当中，是不是多半属于同一行业的呢？

16．当你生病卧床在家的时候，你是否会将工作带到床上呢？

17．你平时的阅读物是否大多数和工作相关？

18．你花在工作上的时间是否比同事要多呢？

19．在社交场合中，你是不是三句话不离本行呢？

20．即使在休息日里，你是不是也会焦躁不安呢？

评分标准：

4、8、13题答“否”得1分，答“是”不得分；其他题答“是”得1分，答“否”不得分。

得分分析：

12～20分：A型性格

0～9分：B型性格

10～11分：介于两者之间

A型性格：这个性格的人喜欢过度的竞争，喜欢升迁与寻求成就感；在一般言谈中过多强调关键词汇，往往越说越快并且加重最后几个词；喜欢追求各种不明确的目标；全神贯注于截止期限；憎恨延期；缺乏耐心；放松心情时会产生罪恶感。

B型性格：神情轻松自在而且思绪缜密；工作之外拥有广泛兴趣；倾向于从容漫步；充满耐心而且肯花时间来考虑一个决定。

A型性格较之B型性格，对压力更敏感，也比较容易过激，对压力的心理承受能力也差一些。因此A型性格的人要避免陷入焦躁状态，不要被突发事件打乱阵脚，更不要时刻让自己处于紧张状态。

减轻性格压力

所谓的性格压力是由于性格缺陷的原因形成与生活和社会环境的摩擦而出现的压力。

性格是个性心理特征中的核心部分，它是一个人稳定的态度系统和相应习惯了的行为风格的心理特征。性格是在社会生活实践过程中逐步形成的。由于各人所处的客观环境不一样，先天的素质不同，形成了各种各样的性格。

性格为什么会形成压力？主要基于如下共同原因。

1. 缺乏自信

缺乏自信的人就是自我价值感较低的人，这种人非常在意别人的看法，几乎生存于别人的看法里，不能自我肯定，活得很“累”。只要自己有一点儿做得不好，或是受到他人的质疑和批评，就会认为自己无能，被坏情绪笼罩，容易处于忧郁、焦虑不安之中，陷于巨大的压力之下。

2. 完美主义

这种人自我要求严格，力求完美无缺，为了工作或事业尽心尽力，牺牲睡眠、与家人相处、运动、休闲的时间也无怨无悔。由于长期超负荷的劳累，导致长期失眠、缺乏与家人沟通，终年处于神经紧绷的状态。对自己的差错从不姑息，经常责备自己，有时陷于情绪低潮之中。

3. 循规蹈矩

思想因循守旧，做事按部就班，缺乏冒险精神，更不善创新、开拓。在从事具有挑战性的职业时，对他们是非常重的压力。况且时代在突飞猛进，日新月异，他们往往发挥了很大力量，却还是做得不尽如人意。在这种情况下，他们会不堪忍受各种挑战和冒险给神经造成的严重挫折，常常处在苦恼中。

4. 关注自我

看重外在因素而忽视内心。过分关注自我形象及自我身份。夸大挫折和困难，时常感到孤独寂寞、缺乏安全感、对自己没信心。

5. 自我谴责

有些人会为一些实际上不属于自己意识行为控制范围的错事而自我谴责，包揽一切错误：应该对紧急情况有预见，应该事先采取措施防患于未然，应该更多地承担义务，应该工作得更努力一些……自我谴责的理由是无穷无尽的，与此相反的则是因不能承认自己的错误而承受压力。

6. 性别偏见

一般来说，女性的压力表现于其在缺乏地位、不明确性、缺乏权力（包括性骚扰）、缺少多样化（如在家庭和工作之间的时间冲突）等方面承受更大压力。而男性所要背负的社会压力要比女性大，男性在面临失业或工作不稳定的情况下，压力更大。

一、别再钻牛角尖了——纠正偏执言行

他在同事的眼里是个怪怪的人，大家只是觉得他的言行特别，但说不出所以然。

妻子红杏出墙的想法痛苦地咬啮着他的心灵，一天天地加剧。他偷偷跟踪了妻子和妻子的同事。时间一天天过去，却一无所获。他对妻子的憎恨越来越深。因为他认定妻子诡计多端，察觉了自己的意图，才有了更严

密的防范措施。

自己的意图是怎么暴露的呢？想想，断定是在梦中说出了心里话，难怪人家说“日有所思，夜有所梦”呀！

他是一个工程师，四十有余。“绿帽疑云”——认为妻子对他不贞，从三年前就存在心里。

他虽以优异的成绩毕业于某大学的电机系，但因个性拘谨而又好挑剔，所以没有什么朋友，更不要说和异性谈恋爱了。年轻时代曾以手淫来排遣寂寞，但后来认为这是幼稚的行为，是一种罪恶，特别像自己这样受过高等教育的人，做出那种丢人的事情，实在无法宽宥。

直到三十一岁时，在偶然的机会，认识了现在的妻子。是她主动追求他的。他回想起来，越是认为自己的怀疑准确无误。他认为，正派的女子不会轻易表露真实感情，而她却在自己的面前那么热情，为什么？肯定是难耐寂寞！结婚后，他很快就在性方面遭遇困难。新婚伊始，即有“力不从心”的感觉，认为妻子在床上表现得过分热情，让他颇感惶惑与焦虑，并因此而觉得妻子是一个性欲旺盛的女人，自己恐怕无法满足她。心理在沉重的负担之下，越来越觉得没有能力。开始悔恨了，恨自己不该结婚，悔不该当初被她的美色所诱惑。他对这样的婚姻生活感到失望，认为和这样的女人结婚太草率了。但离婚对他来说，太丢颜面，只好将就。他当时打定主意，只好迁就妻子了，去医院治疗不争气的身体。可是，医生说他没有问题，是心理因素造成的。没问题，怎么就缺少行房的能力呢？他不相信医生的胡说八道。

妻子静极思动，对社会工作变得非常热心、活跃，不仅经常在白天外出，而且每周有一个晚上需到同学家里聚会，讨论他们的工作和活动，他则留在家里照顾小孩。他对此虽然不太高兴，但也找不到什么反对的理由。

有一天晚上，他打电话到妻子聚会的同学家里，但电话却没人接，他越想越不对劲；而当天晚上，妻子又很晚才回家。他不悦地兴师问罪。虽然妻子向他解释说是因为聚会的地点临时改变，才让他找不到人。但他已是满腹疑云，他觉得妻子一定有什么事瞒着他，说不定是假借聚会的名义，在外头和别的男人胡搞。这丢面子的事，又不好声张，憋在心里如刺在喉。

后来，他的公司因为一项特殊计划而安排他在晚上上班。他觉得这是一项阴谋，是妻子串通情人通过某种关系设计的。现在他更加怀疑他们，为自己的聪明庆幸。

他对妻子背叛的仇恨越来越强烈，心中的怒火也越来越炽热。他想，必须提高警惕，防止妻子和同事谋杀。

有一天晚上，当妻子在饭后递给他一杯饮料，而她自己却没有时，他压抑已久的怒火终于爆发了，他对妻子大声咆哮，说她想用这杯饮料毒死他，好和情夫双宿双飞。

满头雾水的妻子到现在才知道，近三年来丈夫的怪异行为竟然是怀疑自己“红杏出墙”。她觉得丈夫“病”了，而且病得很重，她劝丈夫到医院去看看。

……在极度惊恐中，他同意住到医院里。刚住院时，他的心神相当不宁，对每个人都疑神疑鬼，不久，他的焦虑逐渐减轻，但偏执的性格还没有根本改变。

咨询师把脉

这是一个较为典型的性格导致压力的案例。“他”这个主人翁，由于性格的缺陷导致了巨大压力，他的性格缺陷主要在以下几个方面。

1. 偏执

他凭其主观意识来解释事情，从旁人的立场来看，这种解释是不符事实的错误信念，但他却对此深信不疑。随着时间的推移这种偏执的毛病变得越来越重。

其实，每个人在解释事情时，都含有主观的成分，偶尔也难免会怀疑他人，但通常是一时性的，在适当的说明后即能释怀。而偏执性格的人，认定的事情却是持久而不可动摇的，简直“不可理喻”，而且会对这种妄想采取他认为必要的行动来保护自己。

文中的他就是有这样倾向的人，通常对他人缺乏基本信赖感。他的这种态度是在童年时代即已养成的。在后来的咨询中了解到，他是在母亲强悍、父亲懦弱的环境中长大的，他母亲为了将他抚养成一个“真正的男人”，从小就不抱他、哄他，当他因经常做噩梦而向母亲哭泣时，得到的却是母亲的嘲笑。在这种环境中长大的孩子，自然对他人缺乏基本的信赖感，如果别人因他的敌意与多疑而回避他，会加深他的敌意和怀疑，更确信别人对他不怀好意，形成恶性循环。

他由于对妻子缺乏基本信赖感，就产生病态的嫉妒，怀疑妻子不忠。在其他一些因素的刺激下，他偏执性格的缺陷加剧，在无可忍耐的情况下，他终于咆哮起来了，把“妻子红杏出墙”的怀疑喊了出来。

2. 联想

他的联想是在自己所谓科学的严格推理中得出结论的。他把环境中的信息作“选择性的认知”，将某些偶发的、不相干的事件作符合其怀疑逻辑的解释（关系妄想），最后越陷越深，还出现了妻子和情夫要联手害死他的推理联想，而联想的根据就是心里的认识。

3. 自责

他严格苛求自己，对自己的“过失”耿耿于怀。因为那些行为与自身的理想、与自己的身份不匹配。这种状况与完美主义有相似之处。

可以通过以下的方法纠正偏执性格。

1. 改变认知

客观地观察世界、认识世界、学会实事求是，排除形而上学的观念，辩证地看待世界。纠正固执、褊狭的逻辑。开阔心胸，容己容人。相信人，关心人。

2. 矫正思维

认真地分析一下以往的思维习惯，与正确的思维方式进行比较，知道自己的错误之处。然后制订矫正计划。在心理咨询师的指导下，努力改变过来。

3. 锻炼身体

经常参加积极健康的文娱和体育活动，增强体质，同时也借以排泄心理垃圾。

4. 信赖他人

要学会充分信赖人，相信社会有许多温暖，相信人间有许多真情，应逐步融入其中。把在社会中得到的温暖带入家庭之中，学会处理夫妻关系，在互敬互爱中增进感情。

二、走出人生的沼泽地——告别抑郁

抑郁性格往往会导致心理疾患。

她是一个师范学院的女生。她是从农村考来的。家庭经济拮据，使得她心理压力压倒了拿到录取通知书时的高兴！

入学后没有多少奖学金，她只得去当家教，虽然十分劳累，她还得咬紧牙关挺着，可又担心学习赶不上，怕被人笑话。第一次考试之前，她紧张得喘不过气来，有时彻夜难眠。更糟糕的是，第一次考试就三科不及格，这简直像晴天霹雳，她差点倒下去。这时，她觉得全班同学的眼睛都盯着自己，每当她的眼光与同学、老师的目光相遇时，她脸上像爬着蚂蚁一样难受，痛苦、忧伤、恐惧交织在心头，她几乎要发疯了。久而久之，整天心事重重，自暴自弃，食欲不振，体重减轻，严重失眠，每天在床上翻来覆去，吵得整个寝室的同学都无法入睡，大家起初照顾到她的情绪，不好意思说，后来实在无法忍受，同学就提了出来。她再也不敢吵大家了，睡不着就狠狠地憋着，心里的郁闷更加严重了，偷偷地闷在被子里哭。她想退学回家，可是不甘心，也怕乡邻笑话、父母责怪。只好强忍了。她不敢也不愿对任何人说出自己内心的苦闷。然而，一到考试头痛得更严重，心慌气短，看到题目眼冒金花，根本动不了笔。不得不看医生，可是吃饭像吃药一样。一天一天忧郁不堪，情绪十分低落，对什么都失去信心，做什么都觉得无能为力，学习走神，无法听进老师讲什么，常自责自怨。

接下来，她变得容易激动，行动缓慢迟钝，思考能力下降，她更加觉得不如人了，觉得同学和老师都在嘲笑自己。要么是默默无语，要么是对同学发脾气，和同学吵架。稍不如意就没信心，几天几夜气个没完，甚至卧床不起。看到下雨和落花，触景生情，情不自禁地哭出声来。

随着时间的流逝，她的病情越来越严重了，知道无法坚持学习，又觉得无颜见父母，不敢回家乡，但已彻底失去自信，失去了生活的勇气，认为死就是最好的解脱。她多次自杀，但没死成，痛苦、忧伤始终伴随着她，现在通宵失眠，想入非非……

咨询师把脉

从上述的案例中，我们可以看出她是一名神经抑郁的心理患者。

1. 心情忧郁

长时间感到悲伤、忧郁，心里是凄凉和痛苦的感觉，常常唉声叹气、焦虑不安。感到处处不如意，遇到同学也不想打招呼。与同学交流的方式是吵闹，以此来宣泄压抑的忧闷烦躁的情绪。有的人严重时，对过去喜欢做的事情也引不起兴趣，即使在风景优美的环境中也毫无欣赏的心情，似乎与世隔绝。见别人高兴、嬉笑，自己会感到更加痛苦。

她的自卑感相当严重，客观情况是出生在农村、家庭经济情况不好。主观上是缺乏正确的认知。出身农村并不能说明自己的地位低下，家境不好也不是自己的错，更不是什么丢人的事，她完全可以为改变经济状况而作顽强努力，不可让这些客观条件压下自己的头颅。

2. 精神不振

很多时候面带愁容，闷闷不乐，时常发出叹息之声，流泪或痛哭还不当人的面，为的是维护“自尊”。日子一长，对生活和前途失去信心，想轻生或实施自杀。

3. 躯体患病

失眠、头痛、头晕、心烦、胸闷、腹泻或便秘、乏力。男的多性欲下降，女的多月经不调。

形成上述状况一是性格内向。性格内向、孤僻，依赖性强，情绪不稳定，气质多为抑郁质或胆汁质。有些神经抑郁症，有明显的精神创伤，如生活中的不幸遭遇、工作中的困难、事业上的挫折等。具体如亲人死亡、车祸、夫妻分离、失恋、考试失败、失业、生活困难、工作条件不满意、人际关系紧张等。

二是自卑自责。无端地为自己贴标签，心里笼罩着自卑感，连同学某些无意的言行都格外在意，认为别人是针对自己的；还会为自己的一点点小小的过失自责，所以心中总没有快乐。

治疗抑郁的办法如下。

1. 心理治疗

要消除各种顾虑，清楚病症的性质，乐观看到前景，树立治愈的信心。要学会客观、辩证地看待各种困难和挫折，明确战胜困难和挫折的方法，学会积极思维，正确、客观地评价自己，多看自己的优点及有利条件，减少悲观、自卑情绪。

2. 社会治疗

其他人应以理解、同情的态度，热情、诚恳地与他们建立友善关系，及时给予心理上的支持。帮助他们解除心理压力和困境。如由心理医生找有关领导、家庭成员、同事或朋友交谈，改变对他们不正确的看法，从各方面关心他们，给他们创造良好的工作、学习环境。

3. 运动治疗

坚持每天运动，如散步、早操、打太极拳、慢跑等，以此增强体质。

4. 药物治疗

可在医生的指导下服用药物。

三、别再让人觉得你很怪——消除强迫性格

具有强迫性格的人，同时是强迫症患者。强迫症是心理咨询中常见的神经症。

项某，男，大学三年级学生，高中时出现挥之不去的强烈的强迫观念，如反复思考自己为什么姓项，为什叫这个名字，钢笔是放在上衣口袋好还是放在裤子口袋好，老担心如地震发生，头上的灯具掉下来，经常去数过往车辆的牌照号，并继发出许多强迫行为，以降低焦虑情绪，如走路一定要走在道路的左边，表示顺利，考试拿到试卷时总要先在试卷的右上角用手写上“成功”二字，以求考出好成绩，路遇头顶上有人家晾晒的裤子、袜子，一定要绕道避开，从不从底下走过，以避免晦气。他知道这样不好，但无法控制、排解，情绪十分痛苦。到高三时，强迫症状明显，定律、公式反复背，较难的题目反复做，但仍然不放心，为此花费了许多时间，身体也一天不如一天，精神难以振作，由全校的前三名下降到五十名内，心情十分焦躁。老师发现这个情况后，动员他看心理医生，通过指导有所缓解。考取了一类大学，但不是他理想的学校。由于对强迫症的危害认识不足，加之解除学习的压力，外出旅游，心情比在校时好得多，便放弃了继续咨询。

刚进入大学时，由于学习基本无压力，有很多的时间上网、郊游，强迫症状大为减轻。后来接踵而来的评优、考级、考证、考研的压力，诱发出更为严重的强迫症症状，挥之不去的强迫观念更加丰富多样，继发的强迫行为更加离奇古怪，如他认定是正确的观念非坚持不可，即使大多数同学反对，他也不会认真考虑他人的可取之处；他内心深处不喜欢那些穿着时髦、言行活泼的同学，但青春期的诱惑和同学交女友成双成对的刺激，使他萌生性的需求，他不愿找女生，就开始手淫；认为自己的精液很脏，身体也越来越差。一方面恼恨自己这样做，另一方面却是不做便不舒服。多次萌生死的念头，多次割破手指写血书，发誓不再去想、不再去做，每次都以失败告终。回想到高中的经历，知道心理咨询可以给予帮助，便去求助……

咨询师把脉

具有强迫性格的人，是非常聪明的人。其性格缺陷多是从小养成的。

咨询师在咨询中了解到他的基本情况。

他是独生子女，一出生就被视为掌上明珠，家里上上下下都十分疼爱他，并对他寄予厚望。父亲是一位政府官员，就在他母亲生他的那段时间，与另一未婚女子发生婚外情，那位女子要求得到名分，逼他父亲离婚。社会上有些议论。这给来访者带来了很大的心灵伤害。他还未记事时父母就开始争吵（虽未记事，但潜意识里有储存）。其母是医生，性格较孤僻，人际关系相处不太好，言语不多，吵架时往往是号啕大哭。他十分害怕。父亲虽然爱他，但管他的时间很少，他对母亲十分依恋。母亲非常爱整洁，相信命运，迷信思想严重。为了把孩子培养成心目中的栋梁之才，她不仅对自己要求很严，而且对孩子也设置了很多条条框框，尤其反对孩子和异性接触，从小不准孩子和异性玩耍，当孩子进入青春期后，更是不断地灌输性的丑恶以及与异性交往的危害。

他从小就听话，害怕因为不听话被妈妈冷落；从小学习刻苦，同时好胜心极强，虚荣心也强，作业、做事都非常认真，追求完美，不愿任何人超过自己，出现了不如人的情况心里就很不舒服。很少与女同学交往，性观念极为保守。

可见，他的性格缺陷和不当观念由来已久，是家庭环境、父母的人格影响形成的。母亲的教育使他在一些方面形成错误认知。他内心痛恨父亲的行为，但那时他没有能力去阻拦，只能压抑在心头。认为精液很脏与此有关联。心理垃圾得不到排泄，最终出现强迫思维与行为就在情理之中。要减轻和消除这种症状，必须标本兼治。咨询师能在较短时间内帮助其有效缓解强迫症状，树立其治疗信心，指导其矫正个性缺陷，优化个性，转变不当观念，铲除强迫症状产生的土壤，避免强迫症状的复发。这一过程，需要三个月以上，一年左右。但当事人必须听从咨询师的指导，必须积极地进行自我提高。

可以尝试从以下几个方面入手，消除自己的强迫性格。

1. 大胆去掉“怕”字

强迫性格、强迫症的症状五花八门，但都有一个“怕”字，怕不吉利，怕目标不能达到，怕受到伤害……一方面，他们被这些症状折磨得痛不欲生，另一方面，由于“怕”字作怪，他们又不能清除强迫症状，总是违心地照着强迫症状做。患者应以“无所畏惧”、“大无畏”的心态对待他们所恐惧的事物，去掉条条框框，去掉清规戒律，顺其自然，轻松地生活，这样就能使症状明显好转。但要注意的是，“怕”是很容易反复的。昨天刚被鼓励得昂首挺胸、无所畏惧，今天就可能缩手缩脚、惴惴不安。此时，要深入分析其“怕”的根源，这种“怕”多与当事人的成长经历中所接受的非科学观念甚至是迷信思想有关，要认识到那些非科学观念、迷信思想的荒谬、愚昧之处，确信所“怕”，原来就是“虚、假、空”。可以这样想，既然曾经被这些想法和念头折磨得痛不欲生，多次想死，那么连死都不怕，还怕什么不吉利、不安全?

2. 进行性格优化

性格中固有的僵死、刻板、拘谨、自我要求过高、虚荣、完美主义是滋生强迫症状的肥沃土壤，根除这些性格缺陷，重塑良好的个性特点，是改变性格、治疗强迫症的根本措施。值得注意的是，强迫症的性格缺陷大多属于过了头的好性格，这些性格缺陷在过去的生活经历中被视为好的性格特点反复被强化，以致不能自知，甚至固守残缺。现在要善于针对各项症状或表现，揭露这些性格缺陷在制造症状中的罪魁祸首作用，以此深悟其害。破除“禀性难移”的神话，可用写“性格日记”的方法，一点一点地挖掉不良性格的藏身之地，一点一点地培植好的性格特点，鼓励自己的点滴性格改进的进步，逐步成为一个轻松、乐观、勇敢、果断、灵活的人。

3. 提高调节能力

强迫症状的产生和发展有一个规律，它诱发于高压力的环境中，环境轻松则症状好转，环境紧张症状重现或加重。这说明，强迫症通常是面对压力时个体用于缓解焦虑情绪的一种心理防御机制。这种神经症性的心理防御机制既令自己主观感觉不适，又让自己从中“获益”。必须改变曾经的固有程式。一定要树立正确面对压力的态度，学会缓解紧张气氛，用积极的心理防御机制替代消极的心理防御机制，在解决现实问题的过程中获得乐趣，而不是生活在自我主观营造的安乐窝里。必须认识到，压力既来自于客观环境因素，更与自我要求过高、自我施压有关，所以要学会自我要求适度，悦纳自我，享受普通、平凡生活的快乐。

4. 矫正错误观念

强迫症普遍存在性观念错误、性道德过强问题，过分的自我压抑导致剧烈的内心冲突，最后衍化为各种各样的强迫症状。如本例的项某，认为自己的精液肮脏，就具有明显的象征意义。在此基础上，出现了强迫手淫的行为，每回多次手淫排精，直到认为排泄干净了为止。每人都有生理的正常需要，心理上却认为这种需要是丑恶的、见不得人的，一方面不断地偷偷摸摸上黄网、看黄色录像，另一方面不停地自责、悔恨。越是压抑，需要越强烈，强烈的需要迫使自己动用更大的力量来压抑，冲突愈演愈烈。整个人完全被强烈的内心冲突所主宰、束缚，如何去学习、工作、生活、交往和面对压力！要深刻分析自己的性心理发展历程，用人性化的性观念取代保守、落后的性观念，化解心理冲突，学会过真正的人的生活。

四、耐心一点儿，再耐心一点儿——不要急躁

有的年轻人对自己的急躁性情不以为意，认为自己做事干净利索，为人直爽，有什么不好呢？特别在一些学生中间，以“急性子”为荣，以为只有这样，才有强人风范。直到人际关系明显恶化，学习受影响还在抱怨他人的性格不好，陷进苦恼之中。

张玫，女，大二学生，学生会干部。她从小到大都是直性子，快言快语，

风风火火。在高中阶段，没觉得有什么不好，老师还经常表扬她学习上进，工作有魄力。可是，到了大学后，越来越不适应了，她安排同学的事情，别人难以按期完成，她批评几句，别人爱理不理。她搞不明白，别人到底为什么这样？渐渐把人得罪得差不多了，她很苦恼。偶尔的机会，她接触到心理书籍，才懂得搞好人际关系需要掌握技巧。于是，她向咨询师咨询。在咨询师的指导下，她分析了原因，她得罪人的原因是因为她没耐性，稍微有些不合意就急躁起来，弄得她现在独来独往，心里很不是滋味。咨询中了解到，小时候，她就很耐不住性子。她要的东西，必须马上就得到，否则就哭闹。上小学时，父母要上班，没有很多时间管她，她只好自己管自己，做饭、洗衣几岁就会。她接受能力强，成绩挺好。所以，面对那些反应迟钝的，她就不耐烦，觉得他们很笨。事后她也挺后悔，不该这样，就是控制不住自己。比如学校组织演出，她是系里的负责人，一首配乐诗朗诵，表演的同学就是忘词，她说："你们怎么连一首诗都记不住呢？到台上，那不丢人现眼？"同学说："你能干，你上呀，我们笨，不演了。"结果，节目没有上台。有次组织同学郊游，见五位同学掉队了，她就不耐烦地说："快点，这么磨蹭，你们不怕影响了大家。"就这样，同学们一个个对她敬而远之。在同学们的要求下，学生会主席改选，她名落孙山。

咨询师把脉

张玫处理不好同学关系，失去同学的信赖，是她的性格太急躁，不能适应大多数同学所致。

她"急性子"产生的原因是多方面的，这固然有天生的原因，但家庭也有责任，过去的老师引导也有一定问题，因为她的成绩好，老师就忽略了她的性格成长问题，使她逐渐养成习惯，以为自己的言行都是理所当然的。在新的环境中就不适应了，压力随之增加。类似她这样的急躁性格在学生中间也不少见，我们应予以重视，尤其是做家长的，要引领孩子纠正性格偏差，养成良好习惯。

急躁性格还有其他表现，对自身对他人，影响都不好。

急躁性格的人，学习、办事往往凭借心情，兴趣一来，马上动手去干，既无认真准备，又无周密计划。有时某项工作才开了个头，就急于见成效，特别是当工作遇到困难时，更是急得如热锅上的蚂蚁，恨不得来个“快刀斩乱麻”，一下子把问题解决。问题解决不了，就会产生挫败感。

这种性格往往会使人心神不宁，经常生活在惴惴不安中；还会打乱人的生活、学习、工作的正常秩序；常常会“忙中出错，忙中添乱”或者“虎头蛇尾，不了了之”；不能耐心倾听他人意见，急躁时容易发怒，因而影响了人际关系，同时还危害自己的身心健康。

从心理学的角度说，胆汁质的人易急躁。后天受社会生活条件影响也能形成急躁性格，例如，在家排行老大的人易急躁，因为父母总对他们要求过于严格，什么事都要快、要好，要给弟妹做出榜样，久而久之就形成了急躁的性格。急躁关键在于个人的心理认识，急躁者充满着胜利的理想和进取心，试图超越所有人，因而努力克服困难，工作勤奋，自觉性强，总是觉得时间非常紧迫，所以惜时如金，表现出急躁。

如何克服自己的急躁情绪呢，请参照以下几点建议。

1. 磨炼意志

学习伟人、名人传记，学习他们的为人处世之道，对照他们的品质特征更正自身的不足，尤其要增强自身忍耐性和涵养。可以借助一些磨砺性情的方式纠正急躁习惯，如习画、练习书法、打太极拳、钓鱼，修养耐心和韧劲。加强自身思想修养，提高文化层次，增强爱心，增强宽容心，学会接受他人，容忍他人，消磨自己的急性子，摆脱急躁心理。

2. 静思默想

坐在一个安静的房间或者公园，练习集中注意一个单调的声音，如钟的滴答声，或注意一个事物，房间的图画，远处的树枝，都可以。专心致志，精神松弛，然后随意控制自己的心理活动。

还可以回忆某些交际场景，想象自己置身其中，找到非常得体的社交办法。

3. 灵活掌控

不要对自己要求过高，也不要严格要求他人。有差错总结教益就可以了，不能自责自怨。做事时，一方面要有计划，另一方面计划又不可过于完备。要预留自由度，既可克服无计划随意性，也要增添原则范围内的灵活性。生活、学习和工作既有条不紊，又能随遇而安。

4. 他人疏导

家长要关心孩子，注意以适当的方式纠正他们的性格缺陷。学校应转变教育观念，除了向学生传播知识，还要培养学生的健全人格。有旁人疏导，不但可以让人感觉到温暖，同时也可以起到及时提醒的作用。

五、不怕陌生人——改变内向性格

生活中常常有这样一些人，沉默寡言、走路低头、面无表情、目光呆滞。只是在偶尔遇到称心的事、遇到信赖的人，突然变了一个人似的，侃侃而谈，滔滔不绝。可是，他们在陌生人面前，不敢抬头面对，目光不敢与对方接触，更是不敢和对方言语，即使对方发问，他也只能结结巴巴应答。

小辉就是这样的人。上班几年来，工作踏踏实实，做事兢兢业业，就是很少与人说话，更少与上司交往。一次，领导安排他到某局办事，结果，去了一天，一无所获地回来了。原来，他到了某局，连门都不敢进，在那里徘徊着。想到领导交代的任务，他急得冒冷汗，几次下决心，几次都自我否定了。

咨询师把脉

小辉的问题近似社交恐怖征。他对生人的惧怕，对同事的疏远，对上司的回避，都因性格内向导致自卑，自己否定自己的能力，所以不敢或不愿与人多接触。具有这些表现的人，习惯封闭内心世界。从根本上说，他们对自己缺乏信心，对别人缺少信任。

1. 心理因素

这样的人，在成长过程中可能经历过严重的打击，而且是因非自身原因受到过不公正待遇，遭遇厄运，因而“一朝被蛇咬，十年怕井绳”，惧怕再受到以前的伤害。

2. 家庭因素

从他记事起，父母总是引导他息事宁人，绝不惹是生非。因为他们家庭在社会上被人瞧不起，受到不公正的待遇，他自己也常受到小朋友的歧视，于是养成自卑心理。

3. 环境因素

生长在单亲家庭，或者过早失去父母，或者系隔代抚养成人，从小就缺少关心和关爱，也缺少与人的交流，形成了日后的社交障碍。

所以，要很好地生活，就要把封闭的内心敞开。

1. 人际关系很重要

内向性格由于心理的封锁，不能与人很好地沟通与交往，给生活带来许多不便。一个人不能长期生活在自己的城堡里，因为谁也不能万事不求人。既然与人必须交往，何必躲躲闪闪呢？你缺少与人的交往沟通，人家怎么理解你、欣赏你、帮助你呢？

2. 自己不比别人差

告诉自己不比他人差，只要自我展现就能显示出潜藏的亮光。你可以把周围的人物挑选几个与自己对比，就可以发现，他人的可贵之处你的身上也存在，你还有值得骄傲的地方。

3. 世上好人也很多

世界尽管有许多不尽如人意的地方，也确实存在品质恶劣的人，但从古至今，还是好人多，曾经的伤痛应当遗忘。

4. 坦诚是个好办法

先从自己信赖的人接触起，你会逐渐发现，与人坦诚地交流是一种乐趣、是一种享受。然后与那些你可以接受的人交流，你就知道，原先的害怕是自己在吓唬自己。积累了经验，还要观察或体会别人的交流技巧。你做不到“见人熟”，但能够以自己的诚信换得他人的敬重。

六、委婉一些又何妨——性格不能太直露

有些人说话不打心里过，想怎么说就怎么说，他们以为这样才叫直爽。其实，说话办事都是需要掌握技巧的。口无遮拦，说得人家不舒服，你有再好的出发点，人家不仅不领情，反倒会记恨你。

黄东是一个部门的经理，他下面有一位女主管，将HP料错发为HD，使公司损失近百万。他把女主管找来，准备狠训一顿，女主管说：“对不起，我下次一定注意……”没等她把话说完，黄东就吼道：“怎么，你还想有下次？老实告诉你，别说这次出这么大的事故，就算没有事故，我也不愿让你任主管，你既缺业务能力，又无领导才能，你有资格做中层领导吗？”女主管当时就哭了。第二天被免职。

她对黄东极不满意，伺机报复。经过精心策划，在市场买了相关科技产品，一方面用它向高层领导发短信，说黄东如何诋毁公司董事长。另一方面，装着黄东的情人，在双休或是半夜用它给黄东发短信，说一些肉麻的话，或者抱怨她为何失约不到，或是质问他为何不兑现离婚的承诺，闹得他们家庭战火不熄，工作时精力不济，最终被免职。

咨询师把脉

黄东遭受报复，是由于他过于直率的性格压力产生的恶果。案例同时也说明女主管也承受不住性格压力，出现心理偏移，一心要出心头的恶气。

过直的言行，是对直率的歪曲，原因在于以下方面。

1. 遗传因素

性格特别直率的人，父母中必定有一位是性子很直的人。他从小耳濡目染，受到潜移默化的影响。

2. 溺爱因素

因在家庭中地位特殊，一出生就得到特别的关注，要什么是什么，说一不二，所以总是直来直去。

3. 性格因素

什么都摆在面上，几乎通体透明，还认为只有这样才能显示自己的诚心。加上生活顺畅，更是强化了“直率”。

说话不转弯，很容易伤人，因为，谁都有自尊心，难以接受他人公然的指责和入木三分的批评。太直也是妨碍建立良好人缘的关键因素之一，应当加以克服。

1. 换位思考

你不可能一生不做错事，那么在别人发生你同类的错误时，你会怎么说，现在你用你说过别人的话再对自己说说。平心静气想想，原来自己也接受不了。从此你会懂得说话要讲技巧的道理。

与某位知心朋友合作，让他代替你，就某件事情说出你将说的话，你作为当事人面对他，心里是怎样的感觉呢？逐步改善说话的内容，调整表达的形式，直到你觉得舒服为止。这样就能对自己过去的直率有充分的认识，也会知道今后该如何去做。

2. 改变认知

直率并不等于什么时候都是直通通的，尤其是批评人的时候，过直就会加重说话的语气，从而也改变了批评的气氛，很容易让人产生抵触情绪。直率应是直中有曲，曲里融直。直中有真诚，直中有善良，这样才更容易让别人接受。

3. 掌握技巧

交流技巧能帮助你克服表达过于直露和强硬的毛病，对照练习，就会慢慢改变过来。不要以为技巧是“耍心眼儿”，技巧就是一种方法，一种人际交往的润滑剂。技巧可以在与人交往的时候，不伤害别人，也能保护自己少受伤害。

咨询师处方：在想象中减压

一、想象脱敏法

想象脱敏法是通过想象，即“做白日梦”的方法达到消除紧张状态或恐惧感的目的，其特点是：通过在想象中对现实生活里的挫折情境和使自己感到紧张、焦虑的事件进行重置，增强其适应性。学会在想象的情境中放松自己，从而达到能在真实的挫折和紧张场合下从容应付各种不良的情绪反应。

有效地放松是想象脱敏法的基础。可选择练习和掌握“放松调节法”，达到能在一到两分钟内完全放松，将紧张排除。

在放松的状态下，对所有引起焦虑和紧张的事件，包括目前遇到的和不久将会遇到的各种各样的事件全部开列出来，尽可能举出二十个项目左右，它应该包括各种不同的方面。然后给自己感到紧张的这些项目打分，最高的定为100分，其他项目依据自己的体验，定在10 ~ 100分之间。每个项目之间的紧张度分数的差距大致相等，如都差5分。最后，按照分数高低，从低到高，将它们全部排出等级顺序。每个项目应当简明扼要，又能在想象中产生鲜明的图像。如：

大冷天送孩子上幼儿园，5分；

下班后很疲倦，还要做家务，10分；

参加后天的自学考试，5分；

领导对自己的工作提出批评，100分。

依据等级表学会使自己引起紧张，然后消除紧张。先从紧张分最低的第一项目开始，想象项目所描述的情境，使情境保持三十秒左右，注意身体是否出现紧张感，感到紧张时即做放松练习。用同样方法逐步应付所列出的每一个紧张事项。最后你会更深刻地觉察到紧张的部分是怎样引起的，并会欢迎紧张的早期征兆，因为它好比是让你放松的信号。

通过了紧张度最高的项目，你就会对降低紧张和焦虑有充分的信心，甚至对最紧张的情境也能予以克服。

想象的要点在于想，想的时候必须出现图像，这个图像就是你曾经或者将要经历的场景。根据自己的想象能力，尽可能把场景想得周全一些、复杂一些，同时要想象在那个场景中自身的反应，想象自己是如何应对的。练习几次，就能使自己从紧张的气氛中解脱出来。在练习时，必须有正确的认知，即认识到那些紧张气氛、畏惧的情绪都是自己制造的，不能再自己吓唬自己了。

二、情景想象法

改善与调节心理状态最省力有效的方法莫过于用情景想象法了。想象是人所独有的、积极的心理过程。在有目的行动之前预先在人脑中产生有关的新形象，这就是想象。孩子们用竹竿当“马”骑，玩“过家家”都有想象参与。想象使活动变得充实，富有吸引力和推动力。新形象可以是简单的加工改造，也可以是独特的新事物。孙悟空、人面狮身，以及一切创造发明都是创造想象的结果。

在实践中，人们通过感官获得知识经验，养成了学习和生活所必需的各种技能与习惯，并逐步形成了自己的“主观世界”和各种情绪态度。而它们反过来又不时地影响着人们的认识和活动。我们都有这样的经历或体验，态度积极、自信、情绪良好时，我们的思路就开阔、敏捷，注意力也集中，学习工作的效率就很高；反之，如果态度消极、被动、缺乏自信、情绪郁闷就会阻滞思路，分散注意，学习工作成效大打折扣，缺乏创造性和活力。

怎样改变后一种状况呢？人们在后天的学习和生活中经历的不利于成长的东西实在是太多了，心理学家曾统计过：十七岁的少年思维系统中有77%的成分是否定或消极的。这数字多么令人吃惊啊！

不仅是青少年，成人也从父母、老师、邻居、友伴乃至“顶头上司”那里得到了太多的“禁令”、“教导”、“训斥”……例如“不要”、“这么简单的问题都不会，你太笨了”、“你会搞砸的”……成人们教育引导不当，消极因素的积累，不仅容易让青少年形成逆反心理与执拗的脾气，而且在认识事物，认识自我方面的消极影响也会损害青少年的身心健康。

情景想象法就是教会我们运用语言暗示或形象材料在头脑中进行“想象”，产生积极的形象、情结体验，从而消除负面影响建立新的、良好的行为习惯。例如培养良好的行为习惯，减轻对重要场合的心理压力，都可以身临其境地多演练几遍。

在前面所说的脱敏练习中，涉及与领导在一起的情景。还可以把情景想象得更细致一些——对自己的汇报内容逐一推敲，假定领导要提出的问题，以及你自己针对这些问题的回答。你就想象领导坐在你的对面，他的神态、眼神、语调语速。领导听到你回答后，你的心情，你的回答，等等一切，尽可能完善。把可能发生的情景想到了，应对的办法想到了，真正面对时，就可以从容不迫了。

三、放松想象法

在放松中想象，在想象中放松。放松想象的关键在于，将曾经体验过的特别安全、安宁和愉快、放松的情景在头脑中充分地进行想象。

你可以尝试进入下面的场景。

在一个恰当的地方，深呼吸让自己慢慢放松，然后进行想象：这是一个清晨，你正穿过树林，悠闲地走在一条小路上。微风拂面，空气清新。

你情不自禁地呼吸着，抬头望着天空……你终于看见了阳光，原来在小路尽头是一片草地。这里十分宁静，太阳那么和煦，你感受到了愉快的温暖，草丛散发出阵阵清香。你能听到附近小溪叮咚的流淌声。（这时，你已经忘却了烦恼，压力正在离你而去。）

你想象着沿着这条路直接到了海滩。海滩上潮涨潮落，潮水抚摸着白色的沙砾，稍带咸味儿的空气和波涛起伏的声音让你平静下来，你进入了一种安宁、近乎催眠的状态。（你在感受大自然的美好，对自己曾经嘈杂的心自责。你明白了，生活也是喧闹的，但也是美好的，为人处世就像在大海边欣赏美景一样。感受的是美而忽略其他。）

也许你还是有些焦躁，焦躁妨碍你发挥全部潜能，这时你应该用一种新思维方式帮助你从紧张转换为放松状态。要摒弃那些消极失望的想法，使你充满积极奋进的力量。可以利用对各种信念的肯定练习来巩固和增强那些自我肯定的思想。

当你真的相信某种想法时，就会感觉到对这种想法的确认。这说明在你的深层意识里，你对这个想法表示肯定。举例来说，别人认为你的表达能力不属上乘，不适合代表公司去演讲。但你不服气，你会对自己说："不是，不是那样的。"这时你可以想象你相信的想法。"我只不过不喜欢在人前特意表现自己罢了。其实，我思维敏捷，记忆超群，普通话也标准，能言善辩，我比很多人强，我参加演讲，一定能名列前茅。""是的，当然！"你有了肯定自我的信念，排除干扰，满怀信心地去准备演讲，结果一定不会让你自己失望。

在为不会处事烦恼时，你也可以用放松想法来帮你确定全新的待人处世方式。回味你和同事朋友交往的情景，然后定格在你最满意一次上。用一种肯定和确认的态度来审视其，很容易就可以摸索出成功之道。

然后想象人际交往可能遇到的情景，并感受它们，感受你应对自如的言行。你发现原来人际交往并非难事。

你可以在想象中用以下的方法说服自己。

1. 我的过去并不等于我的未来。现在，请想象一个从基层干起经过不懈努力获得成功的人。

想象一下，这个人在无数艰难困苦面前，依然保持高涨的热情和乐观的态度，尽可能想象一些细节。例如他有某种克服困难和战胜失望的策略；他用名言警句作为自己的座右铭；他游刃有余地适应环境和形势。通过这些细节，联系到自己，找到可资借鉴之处。

2. 我每天都在进步。你从前一直想见的某个人现在见到了吗？你的书架上是否有一些一直想看却没来得及看的书？你去上那个一直想上的培训班了吗？如果你的回答是否定的，那么在你的生活中要优先安排这些工作。

你每天都要不断对自己提出挑战，并让某件事做得与以往有所不同。试着和一位陌生人交谈，读一本书或杂志，或者看一个教育培训节目。要让自己耳聪目明起来，充分吸收你周围那些有用的东西。每天，要坚持不懈地问自己："我怎样做才能在生活的各个领域变得更有效？"

3. 我的生活始终充满了机遇。你遇到过无法预料的机遇吗？在它来临时你又做何反应？你是欣然接受，还是畏缩不前，眼看着机会从你面前溜走？

思考一下你的人生和生活目标。比如说，你的人生目标是在工作中得到提升。要达到这一目标，方法多种多样。你可以每天努力工作，认为一年以后就能得到提升。也可以就如何得到提升而制订一项计划。你可以直接对领导说，我想做这份我特别喜欢的工作。请领导在你做错时及时加以指正。你想出了改正错误的办法吗？要用实际行动告诉你的领导，你可以学得更快，做得更好，承担更多的职责。把一份你的工作任务清单保存在办公桌里，并随时加以补充。

要采取的措施包括模仿你的工作领域中最成功的人，学习他们。要想一想他们为什么能成功。注意观察他们的组织方式和组织系统。他们是怎样安排办公时间的。了解他们与你和其他人交谈时所用的词语。他们用什么样的交流方式？他们提要求的时候，是命令还是建议的口吻？他们在性格上最突出的优点是什么？你认为他们对人是友善、平静，还是冷淡？

观察和模仿周围的成功人士能为我们了解他们成功提供多条线索。但这并不意味着你要全盘照抄他的一切，只要学习他成功的一面就行了。一旦你这样做了以后，你就会把你喜欢的改变融入你的工作方式中。

你可能不会很快得到提升。但要继续努力工作，善于观察。每天都要让自己更上一层楼，更快更好地完成当天的工作。时刻按更高的标准要求自己。这样做了，你会更加自信地发现，你不仅工作能力超群，而且交际、处事能力一流。

四、想象调节法

想象的力量有时超过意志的力量。用想象的力量来对付挫折引起的精神压力和不良情绪，是很有效果的。通过以下两种方式，你可以将想象运用得相当自如。

1. 视觉形象想象法

（1）使紧张和松弛相互作用的想象。闭眼，注意身体上的紧张点，稍停。把你体验到的紧张或痛苦想象成某一样东西，稍停。将松弛想象成另一样东西，稍停。让这两样东西相互作用，使紧张消除（例如将紧张想象为一块粗糙的冰团，把松弛想象为慢慢融化冰块的太阳）。

（2）在想象中将紧张排除。闭眼，赋予紧张或痛苦以某一种颜色或形状，稍停。改变这种颜色或形状，把这第二种颜色或形状从意识中排除出去。

（3）用颜色的变化象征紧张的改变。闭眼，想象你身体里有许多灯，例如红灯是紧张或痛苦，蓝灯是松弛，稍停。想象灯由红变蓝，或由蓝变红，变化发生时你能觉察到身体上的不同感觉，稍停。将你身上所有的灯变为蓝色，体会一下总的松弛感。

（4）给肌肉紧张赋予视觉意象。胃部紧张时可以想象胃里攒动着一个拳头；手臂紧张时想象手臂被绳子扎住了。想象这种束缚正在解除，或者想象自己的身体被温暖的毯子轻轻地盖着；你的右腿，你的左腿，胃，胸部，手臂都被温暖的毯子盖着；或者想象一条温暖的毯子正在慢慢地、慢慢地拉上你的肩头。

2. 声音指导想象法

找一个舒适的位置，闭眼，注意身体的感觉，练习深呼吸。此刻注意想象（可以把下面的指导语制成录音带播放）。

（1）上山路上。闭住眼，想象你离开住处，离开日常的烦恼和快速的生活节奏；想象你在穿过山谷，向山区走近；想象你到了山区，你走了蜿蜒的道路。在这条道路上你找到了一处歇脚的地方；在这歇脚的地方你花一些时间检查一下你生活中的所有紧张和压力；给这些紧张和压力赋予颜色和形状，仔细地看看它们，然后把它们丢在小径上。继续上路直到到达山顶；环视一下山顶，你发现了一处吸引人的、舒适的地方。你坐下，慢慢地放松。你现在感到完全松弛了；体验一下完全松弛的感觉（大约三至五分钟）。

再一次环顾一下你的周围，记住，这是你放松一下自己的特殊地方，你可以在任何时候到这里来。

（2）积极追忆。闭上眼，回到这一天的开头，回想起床时的情景，感觉怎样？停一下，对自己说："让那些思想感情消逝吧；让那个时刻流逝吧；这是过去，我现在不能改变。"用这种追忆的方法逐一回忆早上、下午、晚上各段时间自己的感受，如果有紧张和压力，对自己说："让那些感受消逝吧！"

（3）应付未知。闭住眼，想象你在茫茫森林里，四周黑暗，道路曲折，你迷路了；体验一下你的感受怎样？注意你的身体，什么部分紧张，体验一分钟后停。在想象中寻找走出黑暗的迷宫似的森林的方法；体验一下你身上的紧张的消失。当你找到摆脱这种困境的办法时，你身上的紧张会逐渐消失。体验一下所有的紧张在离开你的身体时，你是松弛的，你是安全的，你是舒适的。

想象的办法都有相通之处，在这一方法中，需要进一步开阔领域，在想象的过程中不要拘泥，要自由开放，把自身的想象力都开发出来。你可以想象自办公司，由于良好的人缘关系，给自己带来了很多的客源，而且这些客源十分稳定，成为增收的主要来源，你懂得了人际关系的重要，以给予老客户优惠、体现人性化的优质服务来扩大影响力，从而赢得了新的客源，你的生意走进了良性循环的轨道。你快乐着，展望着……这一过程可能是比较曲折的，但你最终实现了。在想象中放松，在放松的想象中增添信心和能力，从而在生活中具备高强的抗压能力。这才是真正的目的。

营造一个温馨的“窝”

家庭情感减压

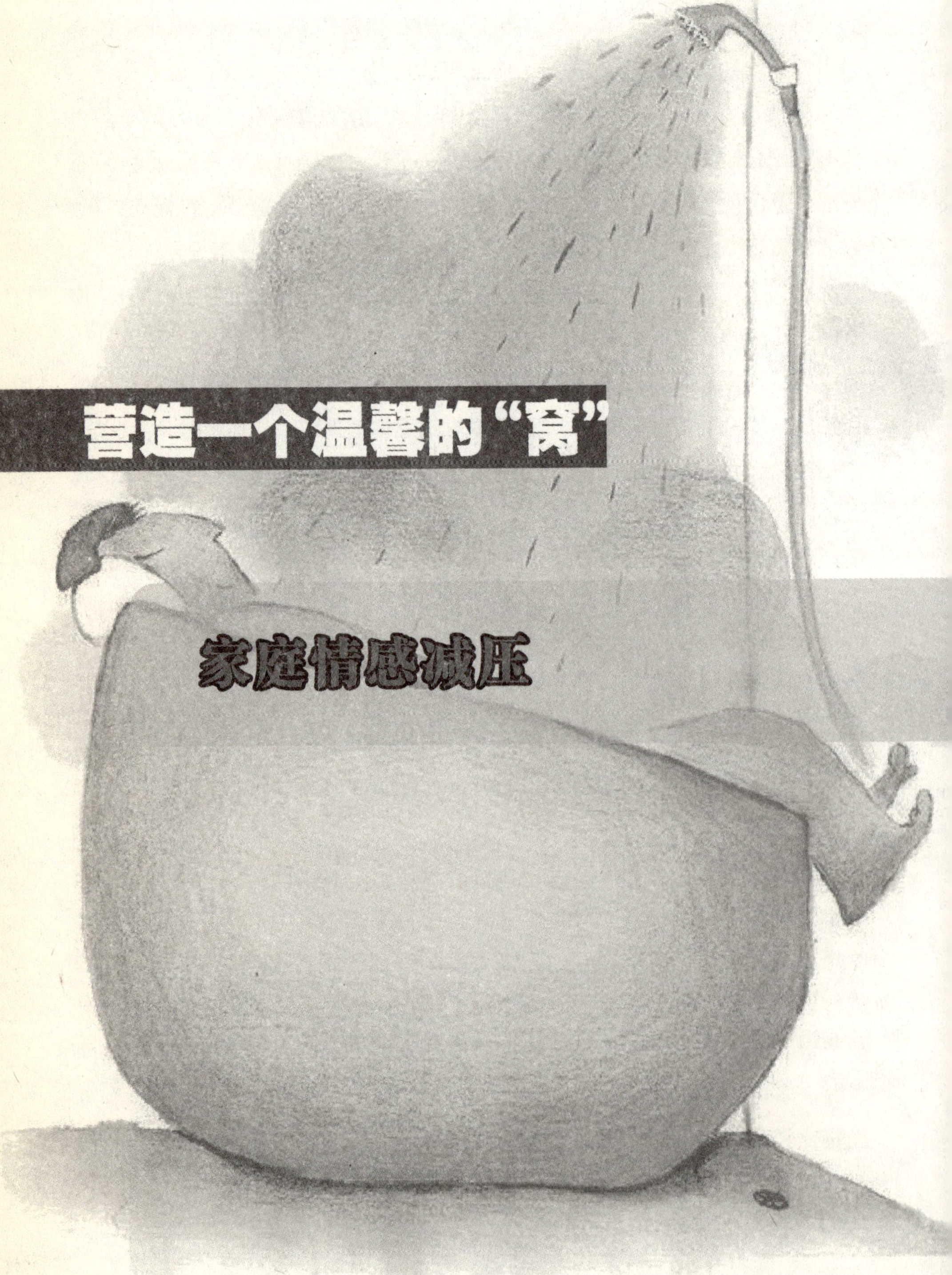

你对目前的婚姻生活满意吗

你是否已经走过红地毯，踏入婚姻的殿堂？有国外心理专家根据多年的研究资料，并运用有关婚姻、家庭方面的众多知识整理出了下面的二十个问题。这些测试题涉及人们对生活的不同看法和不同感受。你可以根据自己的实际情况加以判断，看看自己究竟是不是一个幸福的人？不过幸福的感觉是要你自己用心体会的，别等到幸福的金马车从你身边驶过后，看着被风吹起的尘沙而独自遗憾！

作出是与否的选择，如果不能确定，就在“？”下打钩。

★1．我正在享受一生中最幸福的时光。 是 否 ？

2．我已经为自己将要做的事制订好周密的计划。 是 否 ？

3．我感到自己真的老了，时常会觉得很累。 是 否 ？

4．与周围的人相比，我觉得自己经受的挫折和失败太多了。 是 否 ？

5．我所做的事多半是令人厌烦和单调乏味的。 是 否 ？

★6．即使回到从前，我还是会坚持自己的选择。 是 否 ？

7．如果我更努力的话，我的生活应该有更好的时光。 是 否 ？

★8．我预感到最近可能会有好事发生。 是 否 ？

9．我现在做的事和以前一样有意思。 是 否 ？

10．这段时间是我人生的低潮期。 是 否 ？

★11．回首往事，觉得自己真幸福。 是 否 ？

12．不管人们怎么说，我们都是越过越糟，而不是越过越好。 是 否 ？

★13．当我年龄增长时，我觉得以前的很多担心和恐惧都是不必要的。是 否 ？

★14．我觉得自己的家庭和别人比起来还是比较美满的。 是 否 ？

★15．与同龄人相比，我觉得自己还是年轻的。 是 否 ？

★16．与我认识的多数人相比，我更好地把握了生活中的机遇。 是 否 ？

17．从前的时光总让我有许多遗憾。 是 否 ？

★18．以前的愿望现在基本上都实现了。 是 否 ？

19．我觉得自己做过很多愚蠢的不切实际的傻事。 是 否 ？

20．我感到自己确实老了，但我并不为此感到烦恼。 是 否 ？

评分标准：

带★号的题，如果答“是”得2分，不能确定得1分，“否”得0分；反之，不带★号的题，如果答“是”得0分，不能确定得1分，“否”得2分。将各题得分累加，算出自己的总得分。

得分分析：

0～7分

你一定认为自己的生活是乱七八糟的，对生活的满意度极差。在生活中你无法获得幸福感。你很有必要找个思想成熟的人或心理专家为自己把把脉，重新勾画和设计一下自己的生活蓝图，调整一下自己的生活方式，以期让日子过得好起来。总沉浸在懊恼或焦虑的情绪中，好日子见了你也会躲起来。

8～15分

你的日子也许已经不错了，但你的幸福感较差。这让你容易沮丧，情绪低落。你不妨检讨一下自己的观念，看看是不是目标太高，过分追求完美或是自卑感让你日子难过。换种想法，也许感觉会有改变。痛苦的原因有时不是你拥有得太少，而是你期望得太高。

16 ~ 34 分

你是沧海中很普通的一分子，生活状态一般，有喜有忧的日子使得你和多数人一样。如果你还会有一些不满足，就试着改变一下目前的生活状态吧。

35 ~ 40 分

你是一个知足的人，所以你就会常乐。你对目前的生活相当满意。你不一定是富人或有地位的人，但你的心态很好。一个人能感到幸福是件不容易的事，记得在你幸福的时候可以把你快乐的秘诀教给你的家人和周围的人。那你就可以让更多的人感到幸福。

减轻家庭情感压力

家庭情感压力是指由于家庭出现的问题致使家庭成员心理和身体的负性改变，诸如婚姻、情感、老人赡养、子女教育等引起的家庭成员的不适。尤其是情感问题，十分复杂，出现的压力形形色色，容不得我们马虎。

家庭压力主要表现在以下方面。

1. 争吵

相互之间不能忍让，各执一词，坚持自己的观念和做法，硬性要求对方理解或服从。

2. 冷战

为了保全面子，或者顾及到父母的感受，或者为了报复对方，或者为了不影响子女的工作和学习，采取不公开争斗的办法表达内心的怨愤。如分居、拒绝夫妻生活、不理睬等。

3. 埋怨

出现问题后推卸责任，指责对方，以此显示自己的权威，保全在子女面前的形象。

4. 提防

对对方不信任，担心对方对自己的不忠，担心对方隐瞒收入或感情，采取各种措施进行防范。

5. 迁就

顾及到子女、老人，或者自认为条件低下，只能屈就于对方，成为对方的附属品。

一、治好“疑心”病，享受真“爱情”

有这样一个故事。

一位中年太太，因对自己的相貌身材不自信，总是担心老公有外遇。于是每天老公下班回来，她都要进行一番检查。检查极其认真，老公的上上下下蛛丝不漏。特别是晚归时，检查得更加严密有致。“望、闻、问、切”四样一点不少。“望”是用视觉观察老公的身上衣服上有无女人的口红、唇印、头发等；“闻”是凭嗅觉闻到香水或女人的体味；“问”则行使警察的审讯之功能，要老公详细汇报一天的工作状况，是否接触过不良女人，以此来发现疑点；“切”就是进行肢体的接触，亲自上阵检查老公是否有过暗度陈仓的行为。每天太太都得经过这么一番折腾，老公已不堪承受。

突然有一天下班，太太检查完后，什么也没发现，于是坐在地板上号啕大哭起来，嘴里数落着：“你这个没良心的人，你看你现在越来越没良心，背着我做不要脸的事。”老公被骂得一头雾水，忙问：“到底怎么啦？你这么哭，有话就明白讲。”太太说，好，那我就讲个明白。你以前找别的女人做什么缺德的事，我拦不住你也就原谅你。没想到现在你竟堕落到这般地步，你找什么样的女人不好，居然连秃头的女人你都要啊，你这个没良心的！说完又号啕大哭起来。原来，太太今天在检查的过程中，看到了一根柔软的短发，推断老公一定有外遇了，而且是一个秃头女人，她无论如何都接受不了。

太太因对自己不自信，把对老公的不放心，演化为“疑心”病，仅凭一丝头发荒唐地想象出一个“秃头女人”来。老公遭殃，自己也痛苦。

她的这种现象在心理学上称之为“投射”（也许还有幻觉、幻想，表现不太明显）。投射的主体是自己，投射的客体是身边亲近的人，特别是处于恋爱婚姻中的伴侣，最容易发生。

如果对这个故事不以为然，那么下面的案例就该好好琢磨了。

莉莉是一个二十八岁的白领，相貌出众，职位不错，工作可心。但遗憾的是感情之路一直坎坷。她自己也似乎明白感情不顺利的原因，在于她的性格。因为她疑心特别重，总是怀疑这、怀疑那。每当进入恋爱状态的时候总是小心翼翼，不停地问几个为什么，如他为什么到现在才恋爱？他是好人吗，如果是，为什么没有女孩子主动追求？自己与他般配吗？别人在说些什么呢？假如对方曾经恋爱过，她就要想象那个女孩是怎样的，总是忍不住要猜测他和身边每一个女人的关系。一旦在一起，她要千方百计地偷偷看他的信息，查他的通话记录……假如有了疑问（没有疑问的情况几乎不存在），她要一一问明白。在问的过程中，要从对方的回答中挑毛病，进行新的询问……没有人会受得了这样一个侦探型女朋友，几个男朋友都是因为这个原因无法忍受而跟她分手。她也越来越不敢再交男朋友，害怕自己再次受到伤害，可她又渴望有一份稳定的感情，在痛苦中不停地挣扎着……

在所有人的婚姻和爱情中，不幸的感情大约占58%，破坏它的魔鬼是多疑、非难和责怪。

咨询师把脉

那个太太凭空想象，闹出一场笑话；莉莉因怀疑男朋友而频频遭遇情场失利，是值得深思和必须引起严重关注的。他们都必须对心理进行清理，慢慢改变。

1. 认清现状

能认清现在自己处于问题之中，不能信任身边的人（爱人或朋友），并且有强烈的想改变现状的意愿（态度）。有了这个良好的态度就有了改变的基础。一般来说是可以较快得到改变的。

2. 清理内心

找寻出现问题的因素。比如可以问自己，在进入恋爱状态的什么情况下开始怀疑男友？因她有多次的经验，一定可以找寻出某些行为的规律来。比如说当男友在什么时候（时间）做了什么事情（行为）时，自己就产生怀疑的想法和感觉。经过认真地清理，就能摸清楚规律。那位太太可以根据同理进行清理，寻找自己怀疑的理由，看看是否站得住脚。

3. 改变自我

找到了规律后，就应对意识在信念（想法）、行为和感觉上的反应作出改变。信念上：一旦发现自己陷入了怀疑的怪圈时，立刻对自己说，停！停下这种负向思维。随后对自己说，其实没什么事，只是我一时的想象而已。同时停掉自己的行为，如不停地打听、翻物证、看短信。然后，离开现场，出去走一圈，呼吸一下新鲜空气。或在现场深呼吸，放松自己，令刚才怀疑之感消散殆尽。还可以通过情景想象法来推翻自己的原有信念。刚开始这样做的时候难免会有些不适应，可能会产生沮丧感或生自己的气，因而在心理上要安慰自己，给自己一点适应的时间。任何新行为的养成是需要一个基本的周期的，最少二十一天。这段时间也是磨炼自己意志的时间。渡过痛苦期，幸福就会回归。

4. 重建信任

学会沟通，开阔胸怀，相信他人，信赖他人。既然两人相爱，就需要互相体恤协助，如果你愿意，你可以把你这个性格跟他表白一下，同时也说明自己正在改变，期望他帮助自己成长。这是很重要的一个办法。当然，也许你会冒险，对方能否接受或是否愿意接受是你无法控制的事。但是不管对方是否接受和帮助你，都会给你带来意想不到的价值。

每一个恋爱中的人都要以信任的心理对待对方。不相信对方，如同不相信自己，会生出许多烦恼来，他是不是多看了哪个女人几眼？他是否瞒着我和漂亮女孩子去吃饭了？他是否还和旧爱有联络？天天怀疑，天天不相信，势必吵了嚷嚷了吵，最后，爱情成了千指绕，全是埋怨与纠缠，你不爱我了，肯定是不爱了……他彻底烦了，索性离开你这样的女子，没有法子让你再爱。终于，一拍两散。爱他，为什么不相信他？还是不够自信？怕自己配不上他？觉得时刻有危机感？那么，你可以自己改变自己，提高自己的生活品位，让他无法离开你。有的时候，爱情，要的是一种信任的感觉，我三日不见你，你也应该知道，在我心中，你最重。而你这三日，分分秒秒全是我，这样的信任有了，哪里还有怀疑心？

二、了解他们出轨的理由

前些年有段顺口溜：摸着老婆的手，好像左手模右手；摸着小姐的手，好似正在品美酒；摸摸情人的手，一下回到十八九。讽刺那些花心男人，讲得也有几分贴切。男人花心，大多不同于女人，在没被发现的时候，好像也能比较自如地游走在妻子和情人之间，自得其乐，也不会过多地背负情感压力。但是一旦事情被说破，男人就不再遮遮掩掩了。

艾因十七岁时，高中还没毕业就跟着男朋友阿江去了深圳创业。刚开始的日子苦不堪言。天气那么热，他们租的房子连个空调都没有，一睡下来凉席上就一个水印子。每天为了省钱只能在家里吃饭，可房子小得连放锅的地方都没有，一个酒精炉子煮一碗面就是一顿饭。

艾因二十岁时和阿江领了结婚证。她觉得两个人在一起没有钱不重要，重要的是感情。第一次怀孕，她依旧在外面冒着烈日跑业务，孩子就那么流产了。当时他们都很伤心。他说，“都是我无能……今后日子好了，我一定补偿你，把你天天当公主。”艾因没有那么想，认为现在还没有能力要孩子，况且还年轻，孩子以后还会有的。

后来他们办起了小公司，慢慢地上了轨道，在深圳买了房子和车子，生活变得好起来了。

但去年夏天的时候，她发现他有点不对劲。有时很晚都有电话，每当这个时候他就拿着手机到阳台上去接。她在迷迷糊糊中醒来,他还在打电话。她问怎么跑出去接电话，他说你睡着了，不想影响你。

一个周五，她出差，办完事已经是下午六点了，给阿江打电话说我准备赶回家。他说今天太晚了，让她就找个宾馆住一晚，明天反正休息，睡个懒觉回来吃中饭好了。她表面上答应了，可依旧还是往家里赶。八点多到家，用钥匙打开房门时，房间里是慌乱的阿江和一个女人。

据阿江说，那女人是偶尔认识的，在深圳混得不怎么样，时常过来找他诉苦，两个人就这么在一起了。

“你怎么这样对我？”艾因都不知道该怎样形容自己当时的心情。

他说：“我知道我对不起你。但你那次流产后，医生告诉我，你以后很难怀孕了。没有孩子我怎么跟父母交代。我知道这么多年你跟我吃苦了，你要什么我都答应你、会给你的。但我要孩子……”

有些男人确实是这样的，在生活变好的时候，往往就经不起诱惑。为了眼前的私欲，哪管曾经的山盟海誓！他们出轨似乎让人更容易愤恨。

咨询师把脉

许多男人爱情出轨后，总有理由为自己辩解，时常听到他们这样给自己辩解。

1. 价值论

没有别人爱的男人，不是好男人，至少是缺少魅力的男人，称不上是真正的男人。有妻子以外的女子爱自己，更能体现自己价值。

2. 作戏论

男人在职场打拼，压力很大，诱惑很多，为了工作，为了家，和一些女子有点什么没什么值得可说的，再说又没有动真感情。何况也没有打算离婚，所以算不上对不住老婆。

3. 刺激论

就像电影《手机》里所说,男人和一个固定的女人长时间地生活在一起,容易产生审美疲劳,注入一点新鲜情感,对身体,对家庭也无大碍,相反还有益处。

4. 需求论

因为在配偶身上得不到满足,又有一个不图自己什么的异性提供方便,双方都没损失什么,只是满足自己的最基本的生理需求而已。

这些理论和观点看起来都冠冕堂皇的,好像这些背叛婚姻的人都没有什么错似的。其实,他们都是站在自身的立场上考虑问题,似乎社会对泛滥的感情约束是不道德的。其实,这些男人们的出轨行为,是在心理偏差的作用下发生的行为失当。所以,不要一味地指责他们,首先要冷静下来,了解他们的出轨心理,然后再通过解决他们的心理问题改变他们的道德观。

常见的心理问题主要有如下几点。

1. 补偿心理

有的因为与妻子分居(妻子怀孕),寂寞难耐,或者因为妻子有生理缺陷,生理上得不到满足,或者夫妻关系不和,因而主动寻找第三者或乐意接受第三者予以补偿,从而形成婚外恋。

夫妻生活是家庭生活的必须内容,但是也并非家庭生活的全部,只要夫妻之间加强联系,感情上多沟通,心里多替对方着想,转移生活的重心和注意力,生活照样可以过得很充实。毕竟你曾经为自己做出过选择,那么你就应该承担连带的后果。即便是你对自己曾经的选择后悔了,那么你也应该先解决好一个问题,再开始新的生活。

2. 欠情心理

有些情人最终未能成眷属,双方各自成家,或一方成家后另一方不愿成家依然暗恋对方。当一方生活困难或夫妻感情不和时,另一方觉得还欠着对方的情，因而主动投入旧情人怀抱，旧情复萌，从而产生婚外恋。

有情人未必都能成眷属，既然双方已各自成家或对方已成家，就应面对现实，遵守社会公德，珍惜夫妻感情，当对方生活有困难或夫妻感情不和时，用婚外恋来报答对方的情，与其说是帮助对方，倒不如说是损害对方，破坏他人家庭，实乃于事无补。

3. 利用心理

有的人因为贪图对方的钱财，为了达到自身目的，不顾自己的人格，主动巴结对方，从而形成婚外恋。也有因为工作上的制约关系，互相利用互利互惠，而产生婚外恋。

这种自我出卖、互相交换的行径是极其可鄙的。

4. 图貌心理

因为贪图女方的美貌，主动示爱，从而产生婚外恋。

外表美，随着年龄的增长会自然消失，只有心灵美才是永恒的，像美酒一样，时间越长越醇香。因此，最要紧的是要善于发现妻子的闪光点和独到之处，献出自己一片真情，这样，情人的眼里自然会有西施出现。

5. 报恩心理

因为生活有困难而得到对方帮助，或者因妻子经常出差，家庭长期得到对方照顾，自己无以为报，只好献上身体，从而产生婚外恋。

其实，既然对方诚心帮你，就不图你的回报，对方对你有恩，你心里记得就行了，也可以通过其他的方式回报，何必非得献上自己的身体呢？如果因此影响对方的家庭，岂非好心办坏事。

6. 报复心理

因为妻子有外遇，又不听规劝，为了报复对方，主动寻求第三者，从而产生婚外恋。

既然知道配偶有外遇是错误的，自己为何去寻找第三者，岂不是知错犯错？况且，婚姻自由，离婚也自由，如果感情确已破裂，且无和好可能，不妨离婚算了，好和好散，做个朋友也比报复对方强。

7. 好奇心理

夫妻生活在一起时间长了，有的人会觉得生活平淡无味，而看到身边的人或者影视男女主人公与情人爱意缠绵，潇洒自在，自己也想体验一下这种生活，于是，在这种好奇心里的驱动下，产生婚外恋。

8. 享乐心理

有的人认为人生在世，就该及时行乐，因而滥交女性，从而产生婚外恋。这是人生观的问题，要想改变，会异常艰辛。

9. 相悦心理

因为工作上经常接触，相互帮助，日久生情，许多不能和妻子说的话，完全可以放心地和对方述说，双方好感与日俱增，从而产生婚外恋。

当你真正地了解了自己的伴侣出轨的心理之后，你就可以更好地解决自己面临的问题，也可以适当地减轻你因为婚姻失败产生的感情压力。

三、与稀里糊涂的爱情说拜拜

有些爱看似热烈，有些爱看似纯洁，有些爱看似真切，可是却没有最终的归属。如下几种原因，容易出现这样的情况。

1. 太在乎对方

在谈恋爱，却不确定对方的想法；你觉得很合适，对方却不以为然；他不在时你很想他，你不在时他好像忘得一干二净，这表示什么？

两人不同心，岂能同行？有时候会有一方爱另一方较多的情形，若是在健全的感情中，会有交替的现象，两人轮流扮演追求和被追求的角色；但如果有一方总是扮演追求者，这样的感情就不健全，长久下去，这种没有得到回报的单方向付出的爱，会让追求者产生对爱的饥渴，就会觉得受对方控制，就会感到愤怒、受骗、痛苦。

男人可以为事业放弃爱情，而女人却是可以为爱情放弃事业的。

生活中有很多女孩把爱情看得高于一切，她们不看重事业，而是将爱情作为自己的归宿，结果却不理想。

生活在某县城的艾丽，在火车上认识了居住在省城的风度翩翩的董斯量。长相娇美、思想单纯的她，经不起他的甜言蜜语的攻势，和他一并去旅游。他说爱她，她把一切都给了他。对这样的情况，她的父母并没有急于表态，而是到他所在的地方了解他的人品，才得知他是一个十分花心的人，而且大男子主义，前妻无法忍受，带着孩子离开了他。可是艾丽不顾父母的反对，辞掉已有的工作，义无反顾地来到省城。因为她觉得别无选择，传统思想促使她要跟着第一次占有了她身体的男人生活。可是还没等艾丽找到工作，他就对她厌烦了，嫌她文化低，说她老土，再无往日的温情，他很快又和另一个女孩打得火热。艾丽非常痛苦，她质问他："我放弃了那么好的工作，不惜与父母闹僵，跟你到这儿，我作出多大的牺牲啊，你就不能为我想想？"

艾丽很伤心，虽然她现在明白，女人光想靠一味地付出而获得爱情是不够的，女人爱男人应该是平等地站立着去爱，而不能跪着去服侍他。当你毫无保留地奉献出自己的一切，自己变得两手空空的时候，他是不可能再来追求你的苍白的。而且她还知道对一个人的了解不能仅凭一时一事，尤其在爱情中，头脑必须保持清醒。

艾丽不敢回去，她觉得自己无脸见父母、亲友和同学，跳楼了……

作为女人，需要保持清醒的头脑，只有保持经济和精神的独立，才不会使自己处于盲目、被动、易受伤害的处境。爱情是伟大的，有时却十分脆弱，经不起任何风霜雪雨的考验。为爱应当富于牺牲精神，但不能牺牲自信的根本；为爱应当懂得付出，但不要失去自我；为爱应当有包容之心，但不能包容轻视和伤害。

女人要懂得善待自己，爱情需要保留一点"自私"。

2. 爱上了“未来”的对方

你爱对方，不是建立在对方目前的状态上，而是寄希望于对方的未来。那么，对方根本不能成为你的伴侣，充其量也只是你意图改造的对象。

如果你一直希望改变对方，才觉得比较满意，那就不是爱，而是赌博，在用双方的快乐当做赌注，这很容易形成情感压力。

德强爱上音歌，是在音歌的父亲大展宏图的时候，在当地，谁要说到他都刮目相看。德强研究生毕业，一表人才，是音歌期待的白马王子。她指望着他今后如同父亲一样，能够叱咤风云，人人敬重。何况他有文凭、有能力，父亲辅助一把，定将顺利实现心中的梦想。谁知婚后的德强并不热衷做官，而是想进一步做学问。在她生下小孩后，考上了博士研究生。本是高兴的事，可音歌接受不了，和他闹起了别扭，非让他放弃不可，然而他决心已定……此后两人越闹越僵，不可调和。德强干脆住到学校。她为了自己的颜面，提出离婚。德强没有多考虑就同意了。

你跟一个人交往时，要爱和尊重对方的本来面目，而不是期待他未来的样子。你可以期望他继续成长，但你必须满意他现在的状况。

3. 盲目崇拜对方

爱上所崇拜的对象，这种感情要维持正常的话，会比较辛苦，因为两人之间无法平等相处。

男女双方必须要平等相处。长相有差异，地位有悬殊，收入有高低，但这些都不能作为让对方完全屈服的条件，也不能成为崇拜对方的理由。

她的出生，给这个富足的家庭增添了前所未有的欢乐，父母无比宠爱，爷爷奶奶更是疼爱有加。即使后来家里增加了弟妹，她仍沐浴在爱的温暖怀抱中。

父母望女成凤。经商十多年的父亲对她要求很严，要求她在各方面成为弟弟妹妹的榜样。在父母的精心教导下，她从小就养成了果敢、要强的性格，只要自己认定的事，无论谁都无法改变。这种个性让她受益。她成绩优异，唱歌跳舞也十分出色，体育场上也是佼佼者，令许多男生仰慕。大学毕业后在企业里如鱼得水，很快成了公司的骨干，家里的骄傲。也是这种个性成了她感情生活的致命伤。

她的第一个男朋友，是她大学的同学，一米八零的个头，白皙俊朗，因为崇拜她，对她百依百顺；因为爱，跟随她来到她的老家。因为有她父亲的影响和关系，也由于她出众的能力，她很顺利地当上了副总，而他仍然是普通的工程师。一次，她说："你不是一直觉得才高八斗吗？你那个公司怎么都是有眼无珠？"他听到这话，笑笑了事。男朋友是很宠她的，很少与她争执。她把他的宠爱当成了理所应当。接下来因为工作压力过大，时不时地拿他来撒气，他毫无怨言，还总逗她："小的有做错的地方，还请领导批评指正。小的一定马上、立刻改正，保证不再惹大小姐生气了……"

她父母对未来的女婿很满意，催促他们订婚了。他当时高兴得就像个孩子，抱着她说："亲爱的，我终于等到这一天了。我会一辈子听你的话，对你好！"可她却不怎么兴奋，说："我不仅是要你对我好，更重要的是你要争气，得到大家的认可，得到社会的认可。"

他的脸色变了，说道："你就那么看中一官半职吗？"

她说："不仅仅是职位的问题，是你自身有没有价值！我不能因为你被别人说三道四。"

他说："我们两人的感情不在于别人怎么看，我们不是为了别人而爱，更不是为别人而活。"

"你说，我的爱人在别人眼里是个窝囊的废物，我就是再怎么风光又有什么意思呢？"

他似乎清醒了，流下了伤心的泪。她没有宽慰，还说："一个大男人哭什么？看你的出息！"

第二天他不辞而别，从此杳无音信。

崇拜未尝不可，只要是敬重、热爱，而不是迁就、畏惧就行。绝不能让自己处于对方的阴影之下，使自信心低落，贬低自我。否则，爱情、婚姻都不会长久。受到崇拜更该有自知之明，不可忘乎所以，傲慢地藐视他人，否则将使自己陷于孤独之中。

4. 迷恋对方的外表

如果你发现自己被对方的某个特质深深吸引，要问自己，若对方没有那双蓝色的大眼睛、磁性的声音……若对方不是模特儿、不会踢足球……你还会爱他吗？

他大她三岁。在学校时，不同年级，不同系，但他的体贴却无处不在，他并不是每天都来找她，但电话每晚临睡前却总会响起，说一些知冷知热的话，让她觉得很温暖。所有的人都知道她有一个为她甘愿付出所有的男友。她心里很得意。

他长相俊朗，才气逼人，是很多女孩子暗恋的对象，这样的一个人，却独独对她用情至深。因为他觉得得到她是自己的骄傲。她是学校公认的校花。

她知道他的好，但她是父母宠坏了的孩子，他就像是她父母的接力棒，父母不在身边时接着宠她，所以，她撒娇、任性，有时候蛮不讲理。每次他们吵架，他生气走开，但最后回头的总是他。他说，宝贝，我们和好吧。她的心里涌出泪来，其实她是那么害怕失去他。

有人说，两个相爱的人之间发生了矛盾，第一个转身的就是他们感情上的天使。她想，他就是那个天使吧。

相继走出校园，他们选择了生活在一起。她是玲珑剔透的女孩子，生活的琐碎让她不胜其烦，他主动承担了大部分的家务，照顾她，一如既往地宠着她。

但她却觉得，他开始干预她的生活了。某次她下班和男同事喝酒，深夜才回去，他大为震怒，是夜睡到了另一个房间。几天后的夜里，他主动拥住了她，说对不起。

他们的争吵不断，但每次都是他转身说对不起，虽然她觉得等待他转身的时间越来越长。

后来有一次，他们为一件小事争吵后，他走出了她的房间。

一天，两天，三天，她等待着他转身。

一个星期后，她耐不住这种等待的痛苦，决定到外地几天，她想，当她回来的时候，一切都会烟消云散了。

当她回来时，她惊惧地发现，房间里已经没有了他的痕迹。他已辞职，去了外地。

她没有想到他会采取这种决绝的方式。她知道自己是深爱着他的，那么多的争吵都是因为自己任性，不懂得珍惜。而他，不是一直包容着她，扮演着感情的天使吗？很久以后，她把这件痛心的往事讲给朋友听，仍然不明白为什么他会突然离去。朋友听了，突然说："为什么你不转身呢？"那一刹那，她泪流满面，多么简单的一句话，多么简单易行的方式！可是当初为什么自己就想不到，而不去转身呢？

美好的爱情大抵如此，在消融摩擦中增进情意，总会有无数次的转身机会，那个最先转身的人是他们爱情的天使。但如果每一次转身的都是同一个人,天使也会疲倦。还会跟他（她）在一起吗？这是个值得考虑的问题。

5. 未经"考察"的爱情

你和对方分担某个工作，常常要一起加班，于是你觉得爱上了对方……你去度假三周，认识一个来度假的男人，你觉得好像坠入情网……短暂的朝夕相处，是指在特殊情况下凑在一块，并不是常规，这种感情不太可能持久，因为短时间的朝夕相处，无法使你完全了解对方的个性。

他与她就是在偶然的机会里认识的。一次，在商场旁一位抱着孩子的农村少妇乞求路人给点钱为孩子买点吃的。孩子正在哇哇地哭，可是很少有人理睬。而他，给了一百元。她认为他是有爱心的男人，是值得依靠的人。可是婚后的生活，并不理想……

有一天，老公出门洗车没有带电话，她看到有六七条短信接连发过来，温情脉脉地追问他在哪儿，为什么不回复她。他回来后，她笑着告诉他，就这一会儿工夫，有很多短信发过来都快要把电话打爆了，他慌张地拿起手机全部删掉。于是她追问他，他很气愤她查看了他的短信，说了几句就吵了起来，他说只许你移情别恋就不许别人出去？她问："是什么意思，是不是我爱儿子太多了，受冷落的你吃了'醋'？"他生气了，认为她顾左右而言他，到现在了还不说实话。在他的提示下，她这才明白他是说两年前那天晚上，她出去聚会，被人用药物暗算，稀里糊涂地上了别人的床。她痛悔万分，老实地向他忏悔了。从此，他就嫌她脏，跟她分居了。还一直在监视她。如果发现她哪天回来洗了内衣，他就认定她做了坏事。无论她怎样申辩，也无济于事。她一气之下甩手走出了门，直到深夜因为想孩子才回来，而他们之间也从此开始了更残酷的冷战。

老公比她大五岁，心思细腻，每做一件事都极其认真细致，就连家里的每一件物品都要有各自的位置，不允许有任何的错位。他有过一次短暂的婚史，离婚的主要原因是新婚之夜，他发现妻子以前和别人同居过，这对他一直是个难以打开的心结，无论前妻怎样忍让，他最终还是不能原谅她对他的“欺骗”。就这样，他的第一次婚姻仅仅维持了半年便结束了，对于他的过去从不提及，但能看得出这始终是他心灵深处的一道阴影。

他曾说过，只要不欺骗，什么事情都是可以商量、妥善解决的。可是他食言了……

一时一事不能看清一个人的品质，多交往，才可能有更深刻的了解。毕竟婚姻非儿戏，和可靠的人相伴一生一世，那是莫大的幸福。

6. 爱上已婚之人

婚外情的起因很多人都认为是真情实感所致，其实那实属不明智之举。选择终身伴侣的第一个前提是——对方是“自由身”。“自由身”就是可以自由和你交往的人。

如果你爱上的那个男人答应早点和另一个女人分手；或是他说他不爱那个女人，他爱的是你；或是他原来的对象接受你的存在，他们不打算分手，但他想跟你在一起一辈子；或是他刚分手，但可能破镜重圆……这些都需要你慎重考虑。

一位风度翩翩的大学教授，娶了一个目不识丁的农村妇女为妻，在物欲横流的世界里，自然很多人无法理解。

他的学生在暗恋他，他的同事在追求着他。他们认为，他与妻子的差距太大，怎可能有话说呢。他的事业正蒸蒸日上，多么需要一个贤内助呀！她们相信他们的婚姻不会长久。尤其她的一位女同事公然向他表明心机后便默默等待着。一年又一年，她也不催他离婚。他觉得愧疚，开始对婚姻问题产生动摇。某天晚上，他起草了一份厚厚的离婚协议书，写了许多大道理，准备与妻子来个好聚好散。他写完后，好好地看了一遍就撕了，随便地丢到一边。他下不了最后的决心。

第二天早上起床晚了，他匆匆忙忙赶着上课，没有收拾书桌上的东西。妻子从外面买菜回来，习惯性地来到书房打扫卫生，一只猫也溜了进来，跳到书桌上，把离婚协议书碰落在水盆里，浸湿了。

这下妻子慌了，以为是丈夫昨晚熬夜的心血，肯定又是什么重要文章，便小心地捞起来，一张张地揭开，用熨斗熨平熨干。还没有完全做好，教授下课回来了，看见她那么用心地在熨烫一张张离婚协议书，像是在做一件神圣的事情。他的心仿佛被掏空了，这才感觉到，真的不能离开她……

他想起了自己在乡下的那些日子，那时他们没有恋爱关系，他是作为专政对象的子女在那里接受再教育。她不顾一切仗义执言，不准别人歧视他和他的家人，还给他们家里送吃的、用的。在他妈妈病重无钱医治的情况下，她拿出了全部的积蓄，保全了他母亲的性命。那时她只有十多岁，帮助他们是那么执著、是那么真诚。他当时说，你这样做不值得。她说："没有什么值得不值得的，我就不相信你们是坏人！"

后来，情形发生变化，他父亲的问题澄清，平反昭雪。他成了干部子弟。离村时，母亲对他说，希望她是自己的儿媳妇。他是情愿的。可她说，她不配。乡里人，又没文化，不适合到城市，更不能做干部家庭的儿媳妇。他说，不嫌弃，更不是一时的冲动。今生今世都会不离不弃……

他要坚守自己的承诺。尽管成为教授之后有许多差距，但他知道妻子是正直的，需要他。无论怎样自己都不会真正违背今生今世不离不弃的承诺。

别和已婚的人谈情说爱，不管是什么借口，结果都一样，你注定要心碎。别忘了，你只是接受了另一个人用剩的部分，在等待最终的扔弃。

选择权在你手上，责任在你身上，你要选对人。别浪费时间，要知道，还有更好的对象在等你。

四、放弃改变对方的念头

情人间具有强烈吸引力缘自人格矛盾，其实爱情当中，隐藏着很多我们内心的人格矛盾，这些自我纠葛才是导致爱情发生的重要原因。

爱情源于追寻自我！

俗话说“不是冤家不聚头”，爱情也往往如此，两人又爱又恨，又打又闹，却又爱得死去活来。对于这种心理，心理学家认为，造成情人间强烈吸引的原因之一，其实就是为了追寻完整的自我。

她是第一代独生子女。

她继承了爸妈性格中最倔犟的部分，即使知道错了也不会承认，从小在爸爸妈妈面前养成习惯，一直都改不了。在与单位的人交往的时候，她的这种习惯很难改掉。因此，人际关系比较糟糕，爸妈反复告诫她，可是她就是听不进去。

这次，她在单位爱上一位工程师，工程师也对她山盟海誓。她要等他，因为他已有妻儿。这天，工程师的爱人来找她理论，警告她该自重。她反倒说人家没有自知之明。别人说她是第三者，她说别人是爱情的乞丐。在单位大闹一场，她没有丝毫不好意思的感觉。领导找她谈话，批评了她。她很不服，认为领导太封建，气鼓鼓地回家。

妈妈听了她的述说，认为是她的错误，就给她讲道理，开导她，要她看别人的优点，找自己的不足，听领导的话。她听烦了，就说：“老妈，你别总唠里唠叨！”妈妈说：“你呀，太年轻，没经验，他现在能和老婆离婚，以后就能保证一心一意待你？你要摔跟头的。”

她又顶妈，认为妈妈说得不对，指责她妈向着别人。妈妈说：“你这样做，我很伤心。”可她依然没有低下倔犟的头。说回家受气，不如在外清静。她气呼呼地说，要到外面租房去。

妈妈说：“你硬是不听话，我能有什么法？”妈妈又说：“你这样子，回来还不如不回来，长这么大了还不懂事？你就不能冷静下来想想啊，怎么都是别人的错！”

她当时很冲动地回敬了妈妈一句：“好！我以后再也不回来了，我一定说到做到，我再不会回来了，就算在外面饿死我也不会回来找你们的。”

她果真这样做了！她要坚定地追求她婚姻的幸福。她认为只要战胜别人获得爱情，就能证明自己的魅力和价值。结果是，工程师调离了，再也没有任何消息……

咨询师把脉

心理学大师杨格认为，每个人都身具“显性”与“隐性”（或称“影子”）人格。换言之，每人除了表现出外在众人所见之“显性人格”外，还有个正好相反，潜藏心底的“影子人格”。也就是说，一个很活泼的人实际潜藏着很抑郁的一面，而另一个很安静的人，很可能在另一种陌生环境下变得躁动不安。用心理学理论来说，“分析型”者的影子人格是“感觉型”，因为“分析型”者着重逻辑思考与客观评断，但是当他在强调与表现“理性”时，便不知不觉地把自己细腻多情“感性”部分的人格，压抑到潜意识深处，变成隐性的“影子人格”。

于是，当一个遇见一位身具自己“影子人格”的异性时，心中常会有欢喜雀跃的感觉，因为对方彰显出自己所缺乏（或已被压抑）的人格特质。有人说，爱情对象通常都是性格互补，就是这个原因。一个沉默的人遇到一个活泼的人，往往是他的“影子人格”见到了阳光，受到了感召，由此变得极为愉快，受桎梏的心灵，得以自由释放。

这个异性相吸，“影子人格”和“显性人格”整合互补的过程，将逐渐发展出一个较完全、较成熟的人格，这个过程也被心理学家称为“完整之我”的追寻。

但是，这种结合也往往称为爱情痛苦的一部分，在所谓的磨合中，过去对方最吸引我们的特质，现在却成为让你最受不了的地方。如果过去，你爱上的是他的温柔，那么，很可能你会抱怨他缺乏男子气概；你爱上的是她的活泼，也很可能会觉得她“啰嗦”、“幼稚”。

热恋的时候，你觉得自己遇到了世上最好的人，可到了磨合阶段，你就开始发现对方无数缺点，开始抱怨不满。因为，在这个阶段，我们都想努力改造对方，要对方变得像想象中一样完美，于是痛苦也由此产生。很多人走不过这个磨合期，最终以痛苦收尾。

怎么样才能让感情走得更加顺利呢？

心理学认为只有一个办法，就是放弃使对方变成完美的幻想，不要定睛在对方身上，而回头重新专注在自己“显性”与“隐性”人格之整合与成长，专注扩展自身的“影子人格”。

当你放弃改变对方的时候，自己实际也在学习拓展自己的“影子人格”。有意思的是，往往一对感情好的伴侣，当一个人放弃改变对方时，对方竟然会愈来愈被影响，不知不觉中两人变得愈来愈融洽。

五、冷静面对情感危机

哪个少女不怀春，哪个少年不多情，花前月下、江堤湖岸，几乎到处都可以看到一对对亲昵甜蜜的情侣，爱情是青年人生活中的重要主题。

然而，卿卿我我的幸福背后却潜藏着各种情感危机，很多青年包括大学生，特别是女性，对情感问题不能够正确地认识，更不能妥当地处理情感问题，在失恋、分手等情感危机的打击下，过度悲伤痛苦，甚至绝望，有的因为一时想不开而走向极端，酿成悲剧。

小丽是一个天真美丽的女孩子，而且又聪明好学，成绩一直很优秀，但是，高考前的一场大病，彻底改变了她的命运。她勉强考上了专科学校，走入社会后好不容易才找到一个薪金较低的工作。

之前从来没想过谈恋爱的事情，随着年龄的增大，不得不考虑这个问题。不知不觉中，爱情降临到了她的头上。一次青年自助郊游联欢会上，她认识了另一公司的一个男生。男生很帅，而且唱歌特别好听，小丽被他深深地吸引住了。之后小丽总是有意无意地在他的公司寻找他的身影，后来小丽发现他经常去打羽毛球，于是小丽总会适时出现在羽毛球场。男生渐渐地发现了这个女孩，便开始与她打招呼，慢慢地由认识变熟悉，感情越来越好，后来小丽终于向男生表达了爱意，男生接受了，并且第一次吻了小丽，从此两个人开始了幸福甜蜜的恋爱。在小丽眼中，男友是完美的，而且对自己特别好，她觉得自己很幸福。

后来男友自己租了房子，要求她住在一起，小丽觉得不太好，一开始拒绝了。后来发现很多人都在外面同居，于是就同意了。在以后的同居生活中，小丽渐渐地发现男友的小气、任性、粗暴等缺点，原来自己心目中的过于完美的男友形象完全破灭了，两个人几乎每天都会因为一些微不足道的小事而吵个没完没了，男友每次气不过就动手打小丽，这让小丽十分心痛。上星期上街买东西时，因为东西太贵，小丽劝男友不要买了，男友抬手就是一巴掌，让她不要多管闲事，在众人的面前，男友居然这么过分，小丽实在是伤心透项。

由于男友的粗暴和不可理喻，小丽对他十分失望，偶然中又认识了一个男生，因为那个男生对她呵护备至，而且十分理解她，小丽和他发生了进一步的关系。然而一旦献身之后，那个男生就开始讨厌她、远离她，这让小丽渐渐觉得自己变成了坏女人，不可救药，又怀恨男友对自己的虐待，所以她经常为了报复男友而与其他陌生男人混在一起，走向了堕落的深渊。

在爱情面前，不但女性容易受情感问题的重创，男性在面对同样问题的时候，也会背负极大的情感压力。

刘刚，大学生，二十一岁，长得英俊潇洒，办事能力强，成绩也很不错，在学校名气不小，是众多女生追求的对象。但他情有独钟，深深地喜欢着本班的一个女生，确立恋爱关系以来，彼此感情特别好，两个人深深地陶醉在爱情的甜蜜之中。

然而好景不长，新的一年来到，刘刚发现女友总是心情不好，动不动就掉眼泪。在刘刚反复追问下，女友才把事情告诉了他。

原来，寒假回家过年，刘刚与女友之间天天通电话，一聊就大半个小时，女友的父母发现这一情况，便对她进行盘问，无奈之下，她把与刘刚谈恋爱的事情告诉了父母。然而父母在听说刘刚是农村出身的情况后，断然拒绝她与刘刚的来往，要求开学之后，必须和他分手，否则找到学校去，让刘刚难堪，要么让她转学。百般无奈之下，女友向父母保证开学后立即与刘刚分手。开学之后，女友总是不忍心开口，更舍不得这份感情，但又害怕父母找到学校来，所以内心特别痛苦，整日以泪洗面。

刘刚听后也是十分难过。他那么爱自己的女友，怎么舍得分开？然而女友的家教很严，又是城市户口，家庭条件好，十分富裕，而且还是个独生女，父母希望她大学毕业后出国留学，所以坚决反对女儿在大学期间谈恋爱，并且也看不起出身农村的刘刚。刘刚心疼女友，为了不让她为难，主动提出了分手，从此两个人形同陌路，再见时也无话可说，除了伤心便是难过。

刘刚虽然说表面潇洒，内心却陷入深深的痛苦中。每当漫步在校园，就会想起和女友一起的甜蜜时光，心里更加难受，为了不再看见她，刘刚再也没有去过教室，经常在寝室里喝酒，深夜躺在床上唉声叹气，或者半夜睡不着跑到女生宿舍楼下偷偷流泪，被巡夜的保安抓住过好多次。一个学期刘刚旷课七十多节，四门考试有三门不及格，从前别人羡慕的刘刚如今变得人不像人，鬼不像鬼，整天委靡不振。他在心里面，一方面怨恨女友的父母趋炎附势，强行拆散了一对情深意浓的恋人；另一方面又怨恨自己卑微的出身，让人瞧不起，连女朋友都找不到，因而自卑万分，万念俱灰，甚至连学都不想上了。

案例中，小丽因为恋爱上的失意而使自己变得堕落；刘刚因为女友家长反对而被迫与女友分手，陷入痛苦与自卑之中。他们在情感压力面前难以解脱，可谓教训深刻。

咨询师把脉

青年恋爱交友是人生旅途中必须经历的事情，天经地义，无可厚非。如果爱情没有深刻的认识，对情感处理不当，往往会给恋爱双方造成重大的伤害。

青年恋爱有如下几点应引起注意。

1. 不能无所顾忌

现代青年人往往直率任性，不拘世俗，敢作敢为，在公共场合下，牵手拥抱甚至亲吻都是极为常见的，但是，中华民族的传统习俗是以含蓄为美，认为在公共场所过分亲密有伤大雅。

2. 不可心血来潮

很多人恋爱不是真心情感使然，思想易冲动，在没有对对方深刻了解的情况下，就开始恋爱，抱着玩玩而已的态度或者当成恋爱演习，或者是为了打发无聊乏味的时间，找人做伴而已，甚至把爱情当做一种攀比来满足自己的虚荣心，看谁的男友帅，谁的女友漂亮。这样随便的态度，是不可能投入真情实感的，很容易导致感情纠纷，出现恶果。

3. 避免来势凶猛

男女双方一旦开始恋爱，便如胶似漆，卿卿我我，一刻也不舍得分开。把恋爱作为头等大事，其他都不在话下，严重影响了工作和学习。

4. 谨防过于放纵

多数恋爱中的青年，难以克制自己的情感，轻易地发生性关系，甚至有的女生还怀孕堕胎，损伤身体，出现意外情况后，后悔莫及。

5. 杜绝争吵打斗

由于双方个性的差异，由于人生态度不一，更由于年轻气盛，青年恋爱开始时的卿卿我我，不久之后难免会吵吵闹闹，矛盾不断，逐渐发现彼此之间的缺点和不足，从而开始讨厌以致打斗，致使感情破裂而分手。遇到问题要冷静思考，多交流，多沟通，即使不能做恋人，也要尽量和气。

六、睿智处理再婚家庭的情感问题

某市民政部门的统计资料令人深省：再婚家庭的离婚率比初婚家庭高出许多。

黄在女儿两岁的时候和第一任丈夫离婚了，原因是这个男人不但不努力挣钱，还把自己辛苦挣来的钱给情人花。黄知道后也大吵大闹了一番，最后认为这段婚姻不值得留恋，毅然离婚了。

后来虽然有各种各样的机会，但都因为孩子的原因放弃了。直到冯的出现。冯也离过一次婚，现在带着一个和黄女儿年龄相妨的儿子生活。两人头次见面就互有好感，经过一段时间相处，孩子们也逐渐接受了对方的存在，于是他们结婚了。

刚开始的时候，他们一家四口的日子倒也相安无事。可冯家的儿子太调皮，总是把黄的女儿弄哭，黄竭力控制自己护犊的感情，尽量公平处理。一次，全家人都在客厅看电视，淘气的男孩扔飞镖玩儿，黄和言悦色劝说未果，这时，男孩一失手，居然把飞镖投到了女孩的脸上！鲜红的血把全家人都吓到了，失去理智的黄把积攒的怒气一口气发泄了出来。在黄的怒骂声中，冯才知道自己和儿子原来在黄眼里如此不堪。

他们的再婚生活也因为这件事情草草收场了。

再婚夫妻离异，原因很多，但重要的原因是这些人经历过心灵创伤和传统道德观念和生活习惯的影响，使他们仍存在着种种心理障碍，导致感情隔阂，以致不能恰当地进行感情重组。因此有关婚姻心理学者研究认为，重新穿上结婚礼服的人，必须防范可能产生的家庭压力，才能过上幸福美满的家庭生活。

咨询师把脉

夫妻双方要化解家庭压力，必须消除一些不良心理。

1. 怀旧心理

怀旧心理很容易造成再婚家庭的压力。多见于前婚夫妻感情深厚，一方因病或意外事件而亡故的再婚者。再婚后时常流露出对前婚配偶的怀念之情，而这种怀旧心理最易引起再婚中对方的痛苦。所以，再婚者在再婚后必须从感情上面对现实以增强防范怀旧心理。尤其要注意不能把以前丈夫或妻子拿来和现在的配偶作对比。可以怀念他们的好，但表达这种思念最好在适宜的环境里进行。

2. 比较心理

再婚夫妻容易犯的一个毛病，便是用前配偶的优点与现配偶的缺点相比较，事事挑剔，处处不满。这不仅增添了家庭压力的分量，还会伤害对方的感情，也使自己对重建的家庭失望，致使婚姻的再度破裂。要明白人各有长，亦有所短。再婚了，应当积极地全面地评价对方，了解对方，认识对方优点，帮助其克服缺点，尽快完成磨合。

3. 嫉妒心理

许多再婚者常嫉妒或计较对方的前婚生活，不时地揭其隐私、捅伤疤，亵渎对方人格，挫伤对方自尊心，日久必将影响双方的感情。这样必然产生家庭压力。因此，再婚夫妻必须防范嫉妒心理，特别是性爱型嫉妒，重视对方的心理贞操，珍惜对方爱的感情，抚慰对方饱受创伤的心灵，才能使两颗心紧紧地结合在一起。

4. 报复心理

不少被动离婚者，对前配偶心怀怨恨，在重新选择对象时只要求外貌或某些方面超过前配偶，达到报复的目的。由于这种选择常有盲目性，不讲感情基础，非但不能使自己的心理得到平衡，而且也使再婚后家庭基础不稳固。因此，婚姻心理学家认为：重要的是反思自己，重新评价自己在过去家庭中的表现，找出前婚的误区，并不断地完善充实自己，这才有助于在新组合的家庭中扮演好称职的角色，从而提高现实婚姻的质量。

5. 习惯心理

一般在第一次婚姻中可能已经形成了各自的兴趣、爱好和生活习惯，再婚后相互之间一时不能适应，特别是性生活习惯，如果互相不去了解和熟悉对方的欲望、要求和技巧，很可能导致性生活的不和谐，引起双方的不满。所以，再婚夫妻应当主动适应对方的习惯，寻找一个能照顾到双方习惯的折中解决办法。此外，双方都应有足够的宽容精神，扬长避短，互相协调，消除压力，逐步建立起新的生活习惯。

6. 自私心理

初婚家庭的子女用血缘这条固有纽带，把父母黏合在一起，而再婚家庭的子女因无血缘关系，容易滋生矛盾而起离间作用，易使各自父母产生自私心理偏袒自己子女。其实，血缘不能完全超越后天的感情，关键是再婚后双方要以高尚的道德情操，大度博爱的胸怀，处理好与继子女的关系，如果视对方的孩子如自己的亲生儿女，甚至更胜一筹，那就可以大大缩短再婚夫妻之间的心理距离，减少家庭压力。

7. 戒备心理

再婚夫妻双方都有一些过去家庭中的财物，鉴于前次婚姻的破裂，常会产生戒备心理，实行经济封锁、分心眼、留后手、闹独立，这会使现实家庭名存实亡。其实，既然重建了家庭，就应该毫无保留地共同使用一切财物，这样才能密切夫妻感情。

七、做高情商的父母

父母是孩子人格形成的最重要的影响者，如果父母的不良情绪经常在孩子面前流露，必然会感染孩子，把不良情绪传染给孩子，其危害比病毒对孩子身体的影响大得多。

一个家庭由于经济拮据，生活环境不好，各种条件都很差，吃不饱，也穿不好，在这样的家庭压力下，父母不可能考虑到如何让子女吃水果增加营养，更不能想到如何送孩子学书法、舞蹈、打乒乓球等。假若等到条件改善，家长可以对孩子的营养、教育进行改善。如果一个孩子经常闹情绪，或总是哭哭啼啼，不想上学校，家长因为要忙于工作或者忙于做生意，不去琢磨较好的引导办法，要么迁就，要么是打骂，要么采取强制措施逼迫其更改，那么，这个孩子今后就可能出现任性、粗鲁、凶暴等性格，家长再想改变就太难了。

铁汉是一个十八岁的男孩，总是诉说身体到处不适，腰酸、背痛、虚弱、没精神，时时疑虑自己患有什么严重的毛病。母亲很担心，到处带他去看病、吃药，但总是不见好转。

仔细研究其家庭环境，得知铁汉的母亲是续弦。家里除了铁汉的父亲之外，还有两个同父异母的哥哥，比铁汉年纪大，身体也结实，个性也强。念完中学，两个哥哥都上军校去了。铁汉的父亲续弦后，只生了铁汉一个孩子。再加上铁汉自小多病，母亲更是爱护照顾。铁汉的父亲性格很强，看不惯他的怯弱性格，嫌弃他缺少勇气，做什么都是躲躲藏藏的，而且一碰到小困难，就找妈妈哭哭啼啼，要母亲替他解决困难。因此父亲对铁汉特别凶，常教训他，叫他吃苦，想锻炼他。铁汉受不了父亲的严厉对待，就找妈妈。母亲看了情形，就与他父亲吵架，说他做父亲的不顾铁汉身体虚弱，要折磨他，欺负她唯一的心肝宝贝。父亲看母亲袒护，心里不舒服，认为是害了孩子，对他更是凶怒。而父亲越是凶怒，铁汉就更频繁地诉说自己身体不适，好让母亲找借口骂父亲。

家庭长年累月处在矛盾之中，总是不得安宁。其他子女也不愿意回家。

后来，铁汉毕业走向社会，怎么也找不到固定的工作，什么工作也干不长就被辞退了。他心里很烦，母亲叹息，父亲鄙视……家庭又陷于新一轮的压力之下。

特殊家庭的孩子如此，富裕家庭的孩子怎样呢？

淑贞是十七岁的女孩。她的家庭经济富足，但关系很不融洽。她的父亲是生意人，很会赚钱，也拥有大把的金钱，常常忙于应酬，很少按时下班回家。对她也少过问，给钱倒是大方，她要五百，至少给八百。父亲背着妻子交女朋友，偶尔被妻子发现了，就吵吵闹闹一阵子，全家都遭殃。淑贞的母亲因心情不好，最后也懒得吵架了，公开说："你能玩，我就不晓得快活！"常到外面跑，与朋友混、喝酒、赌博、消遣，很少管家里的事，甚至外宿不回家。淑贞在这样的家庭环境里觉得生活没兴趣，也没有方向，只好也学着父母往外跑，在外面寻求乐趣，经常跟一些男孩子跳舞、抽烟、吸毒、干些不正经的事，最终被警察发现逮起来了。

他们的问题，只不过是家庭压力下的某些表现而已，也可以说是浮在水面上的冰山，问题关键还是在水面下的大块冰山。事情发生在孩子身上，根子在他们的父母那里。

父母个人的心理或行为问题，在孩子身上，常常产生不可思议的影响。一个对家庭负责的家长，必然能很巧妙地解决整个家庭的问题，不至于使有问题的家庭崩溃解离。譬如，有个小女孩最近常闹情绪，哭哭啼啼，不敢上幼儿园，白天要母亲在家陪伴着她，夜晚也要父亲来哄哄他，入睡特别困难。原来最近在家里，父母闹情绪，彼此很不愉快，甚至谈到以分居来解决婚姻问题。小女孩不太会表达，只能用哭闹来吸引父母的注意力，以此获得安全感。结果父母都不敢再提分居的事，只好把此事搁置，夫妻暂时不分散。

其实，每一个家庭成员都应该想到家庭这个整体，不能自私地只顾自己一人，尤其是做父母的，必须要在儿女面前做好表率，尽到自己的天职。

咨询师把脉

从案例中我们可以看出，铁汉父母的教育方法是不当的，父亲过于严厉，没有立足于帮助他认识问题的要害所在，更没有很好地考虑用什么办法去改变孩子怯弱的性格，打骂、鄙视只会使孩子恐惧、逃避，孩子寻求母亲的偏袒也是事情发展的必然。孩子的母亲在孩子的教育成长中担负的责任比父亲更大，可是本例的母亲除了偏袒外，对孩子的教育没做正面的引导，其偏袒的做法，与丈夫争吵的举止加速了孩子的人格缺陷的形成。铁汉不适应社会的状况，父母责无旁贷。教训十分沉重。

淑贞走上邪路，也是受父母的影响，可以说是在家庭不合的压力下，父母的行为成为她思想滑坡的推动力。

无论家庭压力如何巨大，父母都不能忽视甚至放弃自己的天职。为了自己的快乐，为了自己的所谓自由，把孩子置于次要地位，这是极其不道德的行为。面对家庭压力，首要的是考虑孩子的健康成长，我们可以不指望他们成为光宗耀祖的国家栋梁之才，但我们绝对应该尽到把他们教育成人的责任，否则，无论你职位多高，金钱多多，生活多美，也无法弥补因为自己没有真正扮演好父母的角色给孩子带来的一生的伤害，你绝对不配被孩子称做父亲母亲，你也不会得到朋友和社会的认可。

在孩子的成长过程中，会遭遇许多压力，例如和小朋友打架、被同学取笑、考试失误等，做家长的千万不要以为孩子小，忽略他们的心理活动和心理问题，一定要留心孩子的状况，及时发现孩子承受的压力，帮助孩子化解压力。

除了言语安抚外，告诉他们一些解压的方法。

1. 深呼吸

像婴儿一样呼吸，即进行腹式呼吸。先深吸进一口气，缓缓地，让气流直往腹部沉淀，使肚子鼓鼓的；然后将体内的气流排出，也是缓缓地，速度是吸气的二分之一。这样交替呼吸，持续五分钟以上。这种方法可以平心静气，消除紧张的情绪。

2. 松弛肌肉

让孩子躺在舒适的椅子或床上，让他身体各部分放松下来。周围的气温和光线都要适中温和。然后由头部开始，将面部额头的肌肉用力地收紧，保持一会儿，然后慢慢放松。重复以上的做法三到四次，然后深呼吸两下，同时想象现在自己是很轻松、很舒服。接着是颈项、肩膊、胸腹、大腿、脚板，任何一个部位都可以先绷紧，后放松。循环往复。这个方法令孩子清楚感受到松弛与紧张的分别，从而训练他们随意地松弛下来。

3. 脱敏法

先让孩子将各种令他焦虑紧张的情况写在卡纸上，依照各情况的严重程度顺序排列出来，压力最少的排先。开始时将第一张卡详细看完，闭上眼睛，假想自己正处于卡纸所描述的情景中，这时孩子曾感到相当的焦虑。焦虑一旦产生，就马上停止假想，然后从头到脚使自己放松下来。过几秒钟后，再看同一张卡并假想相同的处境，焦虑再产生时，便再次停止假想，重新松弛。如此一再重复，直至卡上的情况不再引起焦虑为止。完成第一张卡后，便继续第二张、第三张……直到最后一张为止。这方法主要是反复预习如何应付焦虑的处境，例如面试焦虑、交流焦虑。

4. 睡前静心练习

在孩子睡前十五分钟，家长坐在孩子床边，怀着温和、慈爱和接纳的态度来分享这个练习。家长可以根据以下四个步骤，与孩子轮流来做，先让孩子说话：

说出一项特长；

说出当天做得很多的一件事；

说出一件明天最希望做的事；

这时父母对孩子予以鼓励并表示父母的关爱。

这一练习可使孩子备觉舒适和安心。

5. 聆听内心

家长坐在孩子身边，鼓励孩子将压抑在心头的事情或情绪表达出来。这一过程，要绝对没有任何干扰，家长用关爱的态度、放松的心情聆听，让孩子知道家长是衷心地想知道他的感觉和想法。开始时家长可说：“今天，你这么难过，可能是受委屈了。你可以告诉我吗？爸爸妈妈会和你一起认真讨论的。”

在倾听时，你应微笑地面向孩子，适时插话如“哦，当时你是怎么想的？”“你现在怎么看这件事？”“那位同学为什么要这样做呢？”

尽量让孩子有抒发内心感受的机会，了解自己的情绪，而不要太早给予意见。

如果孩子不愿启齿，这可能是他仍在生气或在试探家长是否有诚意和值得信赖。无论孩子怎么不对，家长不要责骂，应坚守正确引导的原则。

八、别让沉重的爱压得孩子喘不上气来

随着越来越多的独生子女开始结婚生育，夫妻两人均为独生子女的情况越来越普遍。如何抚养下一代独生子女、如何赡养双方父母，以及如何协调双方老人间的关系等问题，已经摆在了城市里许多独生子女小夫妇的面前。独生子女带来的弊病初现端倪。

某报报道了一条消息：一个小男孩，两个独生子女小夫妇，四位老人。两家老人都想要孙子，好天天亲近。为了争夺这一“权利”，闹起了别扭，并且越闹越凶。矛盾波及小两口，小两口找不到妥善的处理方法，为了维护各自父母的权益，家里鸡犬不宁，两人闹起了离婚。

这个家庭纠纷的案例，具有一定的典型性和代表性。如果用一句话来概括，那就是都是独生子女惹的祸。在城市里，小夫妇往往都有自己单独的小窝，即使有了孩子后需要老人帮忙，一般也就是与一方的父母同住。有住房条件受到限制的原因，也有双方老人未必能够融洽相处的顾虑。倘若孩子放在一方父母的家里抚养，那么老人之间潜在的矛盾可能就更深了。中国的父母，从来都有带完儿子带孙子的传统习惯，含饴弄孙更是老人家得以开心的天伦之乐。可独生子女政策的实行，彻底改变了由古至今老人们儿孙满堂的局面，出现了四个老人才有一个隔代小孩的现象。对于老人们来说，未免太冷清，甚至有那么一点残酷。儿子或女儿为工作生活忙碌奔波而无法承欢膝下也就算了，连和隔代的孙儿辈亲近的机会也越来越少，怎么可以忍受呢？于是便想方设法争抢小孩。两家无论怎样去做，如果离不

开争夺的意念，终归难以平衡。男家强调男家的理由，女方坚持女方的道理。一来二去，就在双方老人间埋下积怨，同时也不可避免地波及到小夫妇俩。家庭的压力由此产生，挑战着他们的感情和婚姻。即使不离婚，关系也不会融洽。这种压力一天不消除，家庭矛盾就有可能一点一点地升级，夫妻感情也会一天比一天紧张。如果双方老人体察到儿女的压力，客观、理智地认识现状，拓展自己的生活圈子，转移自己的兴趣和注意力，协调三方之间的关系，最终大家庭才能和睦融洽。

咨询师把脉

独生子女是时代的产物，虽然有许多难以调解的实际问题，其中上一代老人亲近孙子的问题更是突出，老人的心情可以理解，老人的情绪要照顾,但老人也要切实站在儿女们的立场上考虑问题。双方的老人过多的想法、要求，无疑是给子女增加压力，既影响到上代老人，也使小两口关系紧张，还使第三代的成长受到干扰甚至是伤害。作为老人，肯定是不愿意后代因为自己的问题受到伤害和影响的，在遇到此类矛盾时，除了为孩子们着想外，还要设身处地为亲家想想，把将要带给子女们的压力像扔垃圾一样扔进垃圾桶里。

另外，满足老人要求，关键看小两口如何调和。如果各自站到自家的立场上考虑，只顾及自己父母的感受，必然使另一方不满意，家庭压力产生以致加剧就顺理成章了。要使这样的家庭压力不产生最好是做通自家父母的工作，以高姿态出现，对方也不好意思一家独享含饴弄孙的乐趣。要知道，人往高处走，水往低处流。无论怎样，老人都是希望子女好的，巴望小家庭和睦。小夫妻通过适度的话语与老人积极沟通，老人是势必会考虑把事情处理完美一些的。

咨询师处方："道"出压力

月有阴晴圆缺，人悲欢离合。面对感情挫折和家庭纠纷，谁也不能无动于衷。但我们绝不能被压力压倒，不可长久地沉浸在悲伤中，那样只能再次伤害自己。应该正确认识产生感情困挠的原因，作出合理的分析，采取适当的方式减轻压力。

一、说出压力

每个人都渴望事事如意，时时顺心，然而人生难免遇到坎坷和挫折，不顺心的事情总会让人郁闷难过，产生心理压力。每个人的身体里仿佛都有一个承载压力的囊，它具有一定的伸缩性，如果承载的压力太多，就会把压力囊撑破，人就会崩溃，所以你要适时地发泄，通过运动、痛哭、倾诉等方式，把苦闷发泄出来，压力自然会减轻许多。向亲人和朋友倾诉，是一个众人常用的方法。

每个人都会有困难、有苦恼，在个人无法解决和应对的时候，就需要向别人求助，但向谁求助呢？每个人都有一个包括家庭、朋友、单位及同事在内的社会支持系统，此外还有心理诊所等专门的咨询机构。在无法独立支撑的时候，一定不要打肿脸充胖子，要善于利用自身周围的应对资源，获得支持和帮助。

每一个人都知道向人倾诉可减轻自己的压力，然而有许多人却难以开口，不肯倾诉自己内心的痛苦，结果让心理垃圾越积越多。身临逆境，遭受挫折并不可怕，可怕的是人不懂宣泄，让沉重的压力把自己压垮。因此要学会为心灵减压，做心灵的清洁师，时常倾倒心灵垃圾，让心灵保持清洁。只要你有能力敞开心扉，并选一位值得信任的听众，如你的家人、朋友或者心理专家，倾诉自己的痛苦和彷徨，你会受益匪浅。

与他人进行交流和对话，使自己得到安慰和帮助，从而得到一个应对困难、接受挫折的缓冲垫，可以使自己安全着陆。不要认为向人倾诉是软弱的表现，会被别人笑话或看不起而压抑自己的求助本能。这样的想法无形中更增加了自身负载的压力，心理垃圾在心头积存太久，反而会毒化自己的心灵，使心灵失去光泽。犹豫什么，赶快行动吧，说出你的压力！

二、喊出压力

常言道："大吼解千愁。"倘若你由于各种原因引起情绪上的波动，精神上的抑郁，或胸中忧愤，或食物积滞时，只要大吼几声，顿时会感到心平气和、精神振奋、胃口大开、充满活力。

这是因为通过大吼，吐出了胸中的秽气，呼出了肺部之浊气，吸入大量氧气后，在增加肺活量的基础上，改善了呼吸功能，加快了血液循环，增强了胃肠蠕动，提高了机体功能，并能使大脑皮质处于中等兴奋状态，令身心健康处于最佳水平。

你曾经"真正"放声大吼过吗？用尽全力、不停歇地大吼？大吼需要吸入大量的氧气，所以，当你大吼之后，很自然地会觉得放松许多。随着呼吸技巧的改善，你的大吼能力将会更精进，因为你能够吸入的空气愈多，你的吼叫就能维持得愈久、愈大声。

大吼之所以能带给人们极大的满足感，或许是因为它本身是一个被禁止的活动。在谦恭有礼、文质彬彬的社会中，大吼是一种打破传统、不恰当，但却令人极度愉快的减压方法。它十分有用，且效果迅速，这也是它能够带来这么多乐趣的主要原因。

大吼可随时进行，但最好到公园、草地、森林、旷野、河边等地。在吼叫时，要仰面朝天，张大嘴巴，放开喉咙，做到无拘无束，尽情放声，并尽量延长尾声，以利吐净秽气。如果认为吼叫不太雅观，可以放声高歌，也能收到同样效果。

大声喊叫确实需要预先准备——你不会希望自己在银行或是邮局这么做。在车里跑龙套似的喊是很好，但不要在你正在开车，或别人正在开车的时候。在家里大吼也很好，如果所有的窗户都关着，而且你事先就已经警告过在屋里的其他人。或许，你也会想邀请他们加入。

如果你觉得自己需要好好地放松之后，才能大声喊叫，你可以将头埋在枕头里大吼。这虽然不是那么有效，但效果也不坏。

在人大喊的同时，很重要的一点是，尽可能地进行腹部深呼吸，并且从腹部上方的横膈膜大喊出来。如果你是用喉咙叫喊的话，你会伤害到自己，而且你会无法再大喊，甚至无法说话。通常你只需要大吼几声。三次是不错的次数，但并不需要限制自己——如果你感觉很好，也还没叫够，那就继续叫吧！

除此之外，长吁短叹也不失为一种减压的好方法。

研究证明，长吁短叹实际是人们对情绪的一种十分有效的自我调整。

心理学家曾经为竞赛前的运动员和迎考的考生分别检查了血压、心跳和呼吸，然后让他们长吁短叹几声。结果发现，他们的血压都有所下降，心跳和呼吸也均较前减缓和平稳，心理紧张状态得到改善，有利于临场发挥和取得良好的成绩。

因此，当你在悲哀惆怅、心情忧郁的时候，在工作、学习紧张疲劳的时候，在进行体育运动之前，在决定某项策略和决心进取之际，不妨长吁短叹一番，你定会感到胸宽神定、豁达舒畅、精神饱满、轻松愉快。

三、哭出压力

人有悲欢离合，月有阴晴圆缺，此事古难全，喜怒哀乐是人之常情，哭泣是人类正常的情绪发泄方式，为什么非要“有泪不轻弹呢”？想哭却要强忍着眼泪，这是多么痛苦的一件事情。受传统思想观念的影响，人们总是把哭泣、流眼泪，看成是软弱、无能、失败的表现，其实，哭泣与坚强并没有必然的冲突，哭泣和开心大笑，同样是人正常的情绪反应，为什么只能笑而不能哭呢？所以从人性的本能层面来说，哭泣是人的一种本能，是情绪的自然流露，我们应该承认我们情感的正常性、自然性、合理性，承认它是我们充实人生的一部分。难过痛苦就哭出来吧！哭是人类的一种本能，而当你过分压抑自己，“想哭却哭不出来”的时候，那该多么痛苦啊！

心理学家通过实验告诉我们，多种情绪会刺激身体产生毒素，而哭泣则可以让这种毒素顺利地排出体外。而且哭泣还能够消除紧张缓和情绪，研究表明那些观看伤感的书或电影都会轻易落泪的人，在关键时刻比那些“有泪不轻弹”的人，意志更为坚定。眼泪是缓解精神负担的最有效的方法，正因为女人爱哭，所以女人比男人因神经紧张而诱发的梗死和中风的概率要低得多。

哭一哭是有好处的，特别是你身受挫折、痛苦煎熬的时候，有利于你疏导情绪，缓解压力，但是不宜号啕大哭，只宜轻声啜泣，让痛苦和委屈随着泪水一起慢慢流出。

如果有人不敢哭，不会哭，那么他就失去了一种宣泄情绪的好途径。过分地压抑情绪则可能导致情感障碍，严重者会导致精神分裂，痛苦时眼泪是不应该被制止的，女人哭天经地义，男人哭也不是罪。

四、写出压力

口头发泄有自言和向人倾诉两种，手头的发泄则可分为记录和创作。用创作来发泄是宣泄的最高境界，司马迁遭宫刑而做《史记》，曹雪芹穷困潦倒而谱《红楼梦》，蒲松龄屡试不第而写《聊斋志异》，创作使他们发泄了自己的痛苦和不幸，并以更高的思想境界照耀着后世的一代又一代人。如果你有丰富的经验、深刻的认识、良好的文学功底、充足的时间，倒也可以尝试通过自己创作来排解压力，说不定哪天你会成为大作家呢！但对于我们平凡的人来说，记录发泄则更为实用和有效。

找一张红纸，用黑色的笔把自己心中的不快都写出来，比如与某人发生争执，回到家，你心中还是气不过，就可以用文字来把他大骂一顿，把他的错误、缺点统统写出来狠狠地骂他，越痛快越好，直到自己心头之恨宣泄完毕。过一两天，你再用蓝色的笔在一张白纸上把那个被你骂得体无完肤的人的优点和才能理性地写下来，然后对照一下前后两次记录，你会发现自己当初的疯狂和不可理喻，笑自己当时太过于冲动，幸好是在纸上写的，如果直接出口，那也太没品位了。这个方法可以让自己心胸也变得开阔和豁达起来，人无完人，不要对自己或者对他人要求太过苛刻，标准放低一点，心胸放宽一点，你的压力和烦恼就不会那么多了。

钱多钱少都快乐

减轻经济压力

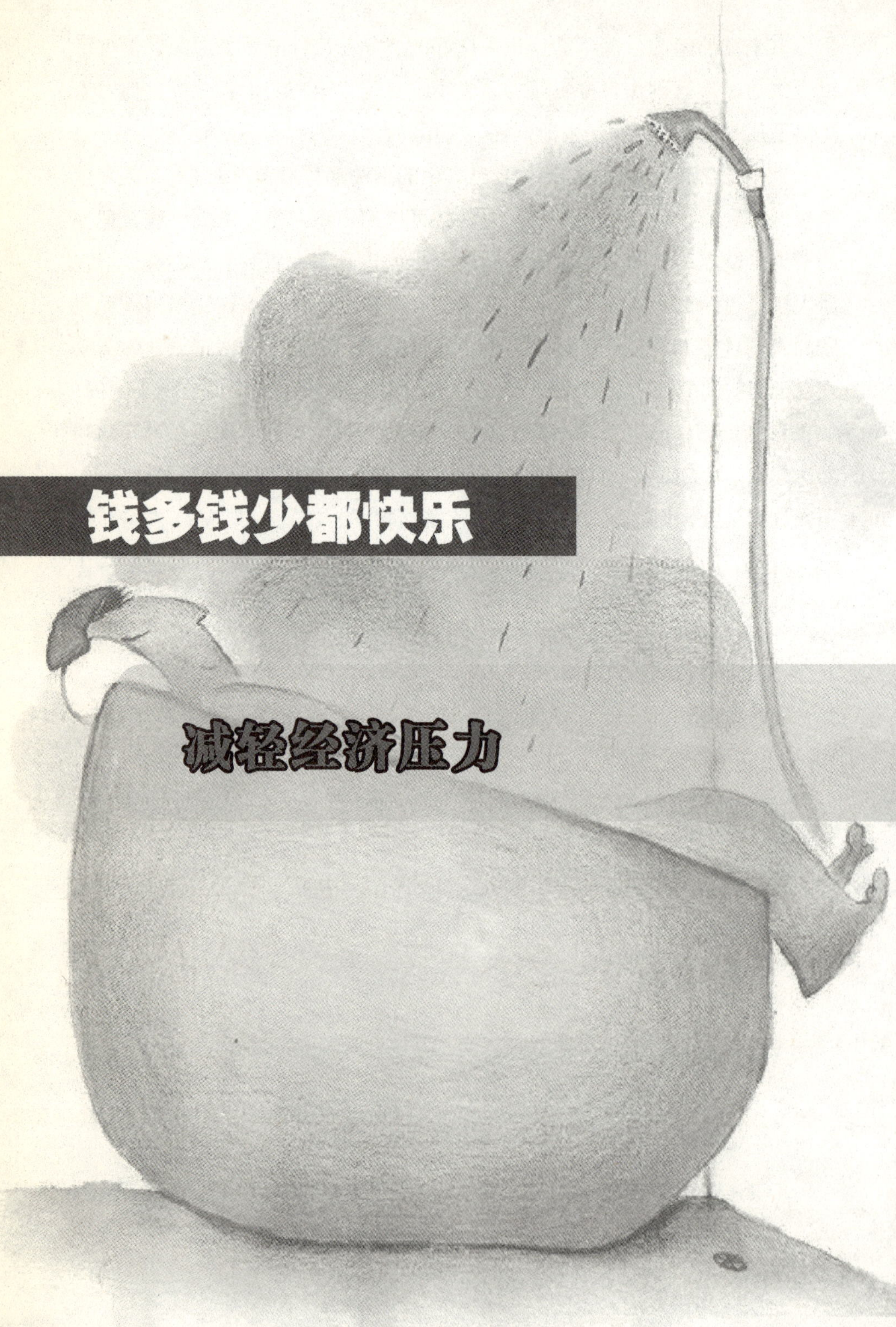

焦虑自测量表

下面有二十种关于你情感的描述，请仔细阅读每一种，把意思弄明白，然后根据你最近一星期的实际情况选择适当的答案，A 表示没有或很少时间；B 表示少部分时间；C 表示相当多时间；D 表示绝大部分或全部时间。

1. 我觉得比平时容易紧张或着急。

2. 我无缘无故地感到害怕。

3. 我容易烦乱或惊恐。

4. 我觉得我可能将要发疯。

★ 5. 我觉得一切都很好。

6. 我手脚发抖打颤。

7. 我因为头疼、颈痛和背痛而苦恼。

8. 我觉得容易衰弱和疲乏。

★ 9. 我觉得心平气和，并且容易安静坐着。

10. 我觉得心跳得很快。

11. 我因为一阵阵头晕而苦恼。

12. 我有晕倒发作，或觉得要晕倒似的。

★ 13. 我呼吸时感到很轻松。

14. 我的手脚麻木和刺痛。

15. 我因为胃痛和消化不良而苦恼。

16. 我常常要小便。

★ 17. 我的手脚常常是干燥温暖的。

18. 我脸红发热。

★ 19. 我容易入睡并且一夜睡得很好。

20. 我经常作噩梦。

评分标准：

正向计分题 A、B、C、D 按 1、2、3、4 分计；反向计分题按 4、3、2、1 计分（文中有★号者为反向计分题，题号分别是 5、9、13、17、19）。

总分乘以 1.25 取整数，即得标准分。

得分分析：

分值越小越好，分界值为 50。也就是说超过 50 分就需要高度重视，最好看心理医生。

抑郁自测量表

这个量表所测的只是最近一段时间的情绪状态，所测的结果只能作为一个参考。如果要确诊的话，一定要找专业的心理咨询人士，结合你平时的表现才有可能得出一个明确的结论。切勿因为这个测试的结果，而给自己乱贴“标签”，从而对身心带来一定的影响。如果通过这个测试，你觉得你有抑郁的症状和表现，一定要及时寻找专业人士的帮助，比如心理咨询师等，切勿讳疾忌医，从而耽误最佳的心理辅导时机。

请按你的实际状况选择适当的答案，A 表示没有或很少时间；B 表示少部分时间；C 表示相当多时间；D 表示绝大部分或全部时间。

1. 我觉得闷闷不乐，情绪低沉。

★ 2. 觉得一天中早晨最好。

3. 特别想哭出来或觉得想哭。

4. 我晚上睡眠不好。

★ 5. 我吃得跟平常一样多。

★ 6. 我与异性密切接触时和以往一样感到愉快。

7. 我发觉我的体重在下降。

8. 我有便秘的苦恼。

9. 心跳比平常快。

10. 我无缘无故地感到疲乏。

★ 11. 我的头脑和平常一样清楚。

★ 12. 我觉得经常做的事情并没有困难。

13. 我觉得不安且平静不下来。

★ 14. 我对未来抱有希望。

15. 我比平常容易生气激动。

★ 16. 我觉得做出决定是容易的。

★ 17. 我觉得自己是个有用的人，有人需要我。

★ 18. 我的生活过得很有意思。

19. 我认为如果我死了，别人会生活得更好。

★ 20. 平常感兴趣的事我仍然感兴趣。

评分标准：

正向计分题 A、B、C、D 按 1、2、3、4 分计；反向计分题按 4、3、2、1 计分（文中有★号者为反向计分题，题号分别是 2、5、6、11、12、14、16、17、18、20）。

得分分析：

你的总分如果超过 41 分，则表明你的抑郁症状比较明显，需要寻求心理咨询师的帮助。

减轻经济压力

经济压力是指因为经济能力或经济纠纷而造成对心理和身体状况的负性改变。实践证明，经济压力并不可怕，可怕的是，在经济压力面前缺少志气和应对策略。

一、不要轻易做“房奴”

“房奴”，这个词对很多人并不陌生。顾名思义，就是受到房子“奴役”，而成为房子“奴隶”的人，他们背负着银行贷款，供养着又爱又恨的房子。

房价虽然在不断上涨，对于普通老百姓仅仅出于自住目的购买房产来讲，购房者的经济压力依然特别大。但我们应该看到，房奴形成原因既有房价飙升、资源分配不均等外因，也不可忽视跟风买涨等内因，还有不能客观处理经济压力的盲目性等。

国际通行标准认为，如果月供超过个人月收入的1/3，将出现较大还贷风险，并会影响生活质量。然而我国房贷人口中32.18%的人月供占到了收入的50%以上，成为名副其实的“房奴”。

毕业留城的智诚，在家人的帮助下终于在城郊买了一套九十平方米的房子，一是使自己成为名副其实的城里人，二是结婚有一个安乐窝，三是学习有个好环境，四是家里人进城有落脚之处。家里的条件也不是很好，但为了有出息的儿子在城里有颜面，一家人无怨无悔地使出浑身的本领为他筹资，但加上他的一点积蓄也只能交首付。他办了房贷。

他的月收入只有两千元出头，但因为每月的房贷为一千五百元。住房条件是改善了，而辛辛苦苦一个月，大部分钱都直接进了银行，最后工资只有那么一点点。要是遇到工资迟发的时候，他心理负担就更重了，就怕还不上月供。不敢娱乐、不敢生病、不敢高消费、不敢轻易换工作……后来的担心扩及工作，“心里其实一直很担心，万一有一天丢了工作，那么贷款该怎么办？”后来，有朋友给他介绍收入较高的工作，他不敢辞职，害怕应聘不成，无法还贷。更糟糕的是，巨大的经济压力下，与同学朋友聚会，不得不抠门；与女朋友约会要找各种借口推托，久而久之，女朋友很是不满，投入了他人的怀抱。

咨询师把脉

房价，逐年增长，步步高升，买房对很多人已经成了负担，成为“房奴”的大多数人苦不堪言。据调查，这些人群当中，二十二至三十五岁之间的中低收入人群占到绝大多数。因为这个年龄段的人群追求完美、争强好胜、攀比心理较强，决定了一部分人通过买房来满足了其“虚荣”心理，如果他们买了能力范围以外的房子，原本的家庭经济就突然紧张了，不能再像以前那样随意地消费，就要面对随之带来的心理压力、心理问题。

买房量力而行为好，莫要轻易沦为“房奴”。再说买房的直接目的不就是安居嘛，可是暂时没有能力，不也可以通过其他途径安居嘛。既使调动各种办法买了房，但因为月月都要还的贷款严重影响心情和正常生活，那还不如等到自己有能力，或者有足够的能力抵挡风险时再买。

大家还要看到前景，住房问题已得到社会各界的关注。面对日益壮大的房奴一族的实际困难，政府加大经济适用房、廉租房的建设，压制房价。目前财力不济的人，等到自己的能力接近购买能力时，再去购买为好，不必为了给身体找个家而让心灵流离失所。

二、选购婚房不要超越自身能力

买房结婚，是即将步入婚姻殿堂的适婚族的必经之路。婚房市场成为房产市场上不可小觑的一股中坚力量。婚房的购买群体购房有着明显的特征，事业刚刚起步，没有积蓄或者积蓄不多，未来家庭成员呈增长趋势。首次置业，如果家庭不能资助，就只能是自已想办法，或者借款，或者贷款。

买房之后还得装修结婚，又是一笔不小的花销。所以在购房时要做好预算，付完首付款之后还须留出装修的费用，装修完毕后就要结婚，结婚也需要一笔不小的开销，住新房、做新人，接下来的事情还多着呢。

米大同在家是长子，未婚妻是第一代独生子女。原来他们计划买一套小两间做新房，可是女方的母亲坚决不同意。她不能让宝贝女儿受委屈。再说，女婿在家为老大，以后的负担还重呢，不如趁现在多给女儿争取些东西。再说贷款也没什么可怕的，反正是银行的钱。

小两口只得照办，买三室一厅的房子，总价八十五万元，贷款二十年，每月要供三千元，相当他们月收入的3/4。第一年他们紧紧巴巴地勉强过去了，第二年，小孩出生，只得东挪西借地过日子，可这日子才刚刚开了头啊……

咨询师把脉

这是比较典型的情况，没有从长计议，只是为顾及当时的颜面。教训可谓深刻，应予吸取。

1. 不求大不求全，不求一步到位

很多准新人在考虑买房子时，就会想到将来会成为三口之家，老人、朋友偶尔也会过来小住，所以三房才能满足需要。首次购房就买三房、面积大的房型。这种做法，看似目光长远，但往往会造成空间浪费、贷款压力大、生活质量下降等问题。还有的新人，想到将来要有孩子，所以宁愿把房子

买得偏一点，也要一步到位，自己给自己增添压力。

新人首次购房还是应该根据自身经济能力及实际需求来选择，不要求大求全、一步到位，两房相对比较实用，并且随着年龄的增长和工作经验的累积，收入也会有所增加，在经济能力不允许的情况下，买个两房过渡当为首选。

另外，考虑到将来小孩上学及成长的问题，社区环境和学区配套也需要特别考虑的。孟母当年三迁为择好邻，那今天买房考虑小孩将来成长入学也很重要。现在，不少大型社区都引进幼儿园和学校，在条件许可的情况下，应该尽量挑选教育资源较好的社区。选择一个成熟完善的小区，可为将来的居家生活省却很多烦恼。

2. 力避风险，不要高投入

在贷款方面，现在各银行贷款种类正在不断增多，利率也在增长，对此要精心打算。新人们应根据自身情况尽量选择贷款年限较长的类型，年限长的贷款方式一方面可以缓解新人自身的还贷压力，保证婚后的生活有一定质量；另一方面，如果事业发展顺利，还可以提前还贷。建议新人们每月还贷数额最好控制在两人总收入的 30% 左右最为合适。

对总价的选择也应慎重。对于房款和首付款依赖父母资助的人群来说，大多因父母的帮助使新人们可用于首付的部分显得比较充裕，但新人们除了要注意月供与收入的比例外，还应该充分考虑父母的收入状况、身体健康状况、年龄状况等，考虑在能力所及的范围内，降低选房标准或者分阶段完成家庭买房目标，选择保值性好、转售较容易的过渡型房子进行阶段性购房。

对于完全依赖自有存款或向亲友借款购房的人群来说，如果月还款能力较强，要首先避免选择“高成本投入”的房子，比如靠近市中心的高价房源，应该以“实用、适用”为主。如果收入相对较低，也不要选择居住较远、生活成本相对较高的地段购买楼盘，应该更多地考虑经济适用房或者租房过渡，慢慢积累首付款。

3. 综合考虑，按实际需要买房

建议不用过于计较单价，总结教训，无数前辈新人都折在这充满诱骗性的单价上了：不是因为单价低而买了套超大的，就是因为单价高而买了套极小的，这可“都是单价惹的祸”。记住一点：单价仅仅代表楼盘的档次，总价才是最终需要考虑的根本。买房子要看实用，定下房型和面积就行，花的都是自己和父母的血汗钱，千万别有那种钱不花完不痛快的想法，那是买房的另一个大忌。

还有很多新人买房只看首付，过来人是这样分析的：首付由父母出，自己负责按揭。不过好好想想，只看首付或忽略首付多半没什么好结果，某些年轻人眼高手低，一般只愿支付最低的首付比例来换取一套大房子，所以首付金额越小，日后的还贷压力也就越大。为此也有必要特别提醒：最低的首付比例，仅是买房的最低门槛，不要只看首付，关键是要看看自己的还贷能力。

还有，如果每月还贷额过高，在遇到突发事件时则很难应付。而年轻人过日子需要一些资金储备，靠借债过日子、还人情是为难自己的路径，绝不可行。

三、大学生缓解经济压力有办法

大学是人人向往的理想的摇篮，以其浓郁的文化氛围影响着一代又一代的人。拿到录取通知书，是件大喜事。但有很多的学生却为了昂贵的学费而望通知书声叹。“不能使一个大学生因为交不起学费而失学”，这是国家对于成长起来的青年人的关爱。但是有些贫困学生交学费甚至于生活都成问题也是不争的事实。

李俊是山区的孩子，接到通知书后，父母都去找人借钱，数来数去，也不过三千。他当时就想放弃，是老师劝他说，先去报到吧，慢慢想办法，再苦也要读下去……他到校后，如实向学校说明了情况，得到缓交学费的允许，后来他依靠相应的政策和学校的管理办法，终于完成了学业。

咨询师把脉

贫困大学生如果怕穷就弃学实为不明智之举。俗话说得好，办法总比困难多。在校学生可以通过国家助学贷款、学费减免、勤工助学、获得奖学金等方式缓解经济压力。

1. 申请学生贷款

尽管今后还贷有压力，但至少可以解决目前的难题。贷款有等级、比例和限额，每人每年申请贷款限额一般不超过一千两百元。

2. 申请学费减免

按学校的惯例，对家庭经济特别困难且学习刻苦努力，遵守校规校纪，积极参加集体活动，生活艰苦朴素、勤俭节约，并符合下列条件之一者，可申请减免全部或部分学费。

（1）来自边远贫困地区、家庭经济十分困难，以及父母双方或一方亡故，无力承担学生学费者。

（2）父母双方有病，不能参加正常生产劳动，或家庭中兄弟姐妹上学人数较多，家庭负担重，生活特别困难者。

（3）遭受天灾人祸或家庭遭受重大变故，经济特别困难者。

（4）经济困难的孤残学生、少数民族学生、烈士子女和优抚家庭子女。

3. 勤工助学

有些学校的学生会或学管处都设有帮助学生勤工助学的机构，可以去联系，得到组织的帮助比个人乱闯好得多。另外，根据自己的学习情况和身体状况，适当联系某些工作，最好与自己的专业相同或相近，对自己的学习也有帮助。

4. 争取奖学金

奖学金是有等级的，如校优特等、校优一等、院优一等、专项奖学金等几个等级，而除此之外，针对贫困生的有国家奖学金和阳光奖学金。有些学校的院系、各个专业也还分别设有不同的特殊奖学金，这些都是可争取的。那么，你就要创造条件，脚踏实地做品学兼优的学生。

5. 端正认识

贫穷不是错，更不是罪过。贫穷只是人生路上的一个过程，不丢人。所以，不管有多穷，志气不能丧失，自信不能失去。为了解决生活问题，缓解经济压力，只要不危害他人，可以适度拓宽自己的财路，不要过于在乎他人的议论，也不要过多考虑同学怎么看，因为你没有妨碍别人，你是在接受自我磨砺。试想，有多少大富豪和成功人士，都是经受贫困的洗礼才逐步走向成功的。你要相信自己走的也是同一条道路。

另外，不要拒绝别人的帮助。因为贫穷，所以自闭，可是生活中很多有能力的人，同时也很有爱心。他们的爱，不是施舍，而是汪洋中那条帮你渡河的船，暴雨中那把为你遮雨的伞。坦然地接受他们的帮助，等你有能力的时候，你再去帮助别人。

四、尽管缺钱，有病还得好好治

人吃五谷杂粮，难免会生病，一旦生重病，经济负担也随之成为更大的“心病”。

某退休干部，1995 年被确诊为结肠癌。他做了六个疗程的化疗，每个疗程是五天，费用大约七千元，六个疗程下来花费了四万元左右。医生要求做九次化疗，可是做六次后他就没有再做。他说：“我一个月的退休工资是两千元钱左右，一年的工资也就两万多元。如果不是公费医疗，那就意味着我要把三年的工资一分不用，才够支付化疗费用。”

他的孩子们说，您老的命要紧啊，假如您没单位，就活活等死？不！得治。

他们家人倒是没有吝惜药费。他们商量好了，少添置一些诸如电器一类的物品，全力凑钱，保证老人把病治好。

这些收入有保障，药费部分能够报销的人，在患有重病后都苦不堪言，对于那些没有医保，家庭经济困难的人来说，其压力定如山沉重。

她是退休的工人，丈夫去世。辛辛苦苦把女儿拉扯得上了大学，尽管家里没有一件像样的物品，尽管她从没好吃好穿，但心里甜蜜，因为女儿为她争了光。谁知，祸从天降。女儿大三时，突患血液病。其费用昂贵得她无法承受……她抹干眼泪挺起胸，总是以坚强的形象出现在她面前。家里只要能变成钱的东西都卖了，就剩锅碗和棉被。她向亲友求援，到社会募捐。她退休前的单位知道了，伸出关爱之手；学校的师生真诚帮助，除了捐赠，还经常看望。母女两人的坚强感动了医生，为她减免了部分医药费……孩子的情况一天天好转，生命的奇迹发生了。几年后，女儿拿到了大学毕业证书，找到了工作。

咨询师把脉

压力再大，我们不能惧怕。拼尽全力，挑战命运，就能把握住机遇。命是最宝贵的，生病了就要千方百计医治。在家庭能力确实不济的情况下，在亲朋也无力帮助的情况下，我们可以求助于组织、求助于社会。要知道，我们中华民族有着乐善好施、助人为乐的美德。在自己的坚强搏斗中，在社会的关爱下，在热心人的帮助下，再大的困难都能克服。心不老，坚持之心常在，希望之花就开不败。

如果有条件，还是应该购买适量的医疗保险，这样做，可以在突发情况发生时，不至于猝不及防，不至于被动等待别人帮助。

五、咬紧牙关，挺过“经济危机”

生活中，各种各样的问题层出不穷，一个个困难接踵而来，但是办法总比困难多，这是真理。我们不能被眼前的困境吓到，心里要装着“十五的月亮”，相信自己能咬牙挺过“经济危机”。冷静下来化解压力，总会有办法的，哪怕是“雪山”、“草地”，也能跨越过去。

女孩今年十七岁，广西人，是一名正在读高二的学生，今年暑假放假后来到城里打暑期短工，住在叔叔家中。由于暑假将完，女孩要回学校学习，她已经把行李收拾好准备于次日回广西。

晚上，小丽在叔叔家中客厅一直坐着不愿去睡觉。旁边的叔叔及婶子都在不断地劝解她，但小丽一直哭个不停。她来城里打工有三十多天，只赚了四五百元钱。临行，叔叔给她一千六百元，让她交学费。她说，不想回去读书了。她的理由是，家里那么穷，就是考上大学也读不起。叔叔家也不宽裕，经常补贴，把叔叔家也拖累了。叔叔婶婶说，一家人就不说两家话，帮帮是应该的。再说,到以后情况还会改变呢。但她越想越悲观。这次来后，她瞒着叔叔,父亲的腰跌伤了,瘫在床上。弟弟也要读高中了,读书也要用钱。什么时候家里的情况能好转呀？再者，她有比较严重的近视眼，眼睛经常发痛，还有头痛的毛病，因为没有钱，没去看医生。可那毛病经常折磨她。她越想越悲观，到凌晨三点多，小丽趁叔叔婶婶睡着后，突然冲出门去，直奔顶楼的天台。

婶子发现时她已经到达天台。意识到小丽可能会“做傻事”，婶子大声叫喊小丽的名字叫她不要跳。但是小丽几乎没经过任何停顿和思考，攀上不到一米高的围栏毫不犹豫地就跳了下来，悲剧就这样发生了。

女孩子落地时是头部朝下，坠地后从头部到全身上下都在大量流血，其状极其惨烈。大约十分钟后，救护车赶到现场，但为时已晚，女孩已经死亡。

如果是成年人，抗压能力可能会更强一些。但是，在压力面前心胸狭隘，夸大困境，激动情绪就会使矛盾扩大、激化。

××县××局干部蒋××自杀的真相经有关部门联合调查，谜底揭开：家庭经济压力过大，致使他情绪忧郁走上极端。

据介绍，民警在现场发现蒋身上及家中财物都在，门窗完好无损。现场没有任何打斗痕迹，蒋上身穿了六件衣服，也无一破损。据法医的鉴定，蒋身上的伤口直接深入腹腔，导致大量失血身亡。办案人员在内部通报情况时说，据此可断定，蒋自己撩开上衣用右手握水果刀捅进了自己的左上腹。

蒋平日里虽沉默寡言，但为人十分随和。可是在事发前十多天，他的行为突然变得怪异起来，老是心事重重，不再喜欢和同事一起出去喝酒、聚会。

当日早上，蒋起床后对妻子说，要到某乡镇去慰问，便出门了。直到下午五点左右，其妻在楼顶发现蒋倒在棚屋内，浑身是血。当时，他身旁放了两个五百克装剑南春空酒瓶和九个烟头。情况通报说，“据此推断，蒋××自杀前内心曾作过激烈的斗争，最终选择了死亡。”

他为什么最终选择死亡呢？

蒋老家有一个兄长，生活十分困难。蒋父2004年年初去世，其安葬费和医疗费共用去三万元，基本上由蒋承担；随后，他母亲随他兄长生活，生活费用基本由蒋出。这些，蒋认为是理所当然的。哥哥当年承担家庭责任，义无反顾地供他读书。上高中时，他没有时间回家取物品，哥哥只要不见他回去，就会连夜带着物品和积攒的一点钱往他学校赶，再接着赶回家。他曾发誓要好好报答父母和兄嫂。

可是他每月的工资不到两千元钱，妻子的工资不过一千元左右，他们还有个十六岁的儿子读高中，正是花钱的时候。家里实在没有多余的钱，还有父亲去世时欠下的债务尚未还清。最近，兄长接连来电话，称母亲接连生病，担心母亲的病情加重。尽管兄长只字没提钱的事，他知道兄嫂是没有钱给母亲治病的。他想借钱寄回家去，爱人说：“我们背着两万元的债呀，这样下去何时是个头啊！”他很反感，就说：“那是我父亲去世欠的债，现在是我的亲妈生病，我这做儿子的只考虑自己，连孝道都不尽，是人吗？”老婆连忙申辩：“不是说不该，是叹息我们的命不好，日子难过。你寄钱回家我没意见。”他想想，没有话说了，默默掉下眼泪。是呀，妻子这些年没有少吃苦，没有首饰，没有像样的衣服……他内心深处觉得愧对妻子。还有孩子，生在这个家，没享什么福！

可是，借钱不容易，各家有各家的难处啊。况且，欠人家的还没有还清啊！就借到三百元，凑了凑，寄了五百回去了。但他内心很不安。妻子知道他的心思，说打个电话回去，我们过几天开支了，再寄五百。谁知，发工资后，同事家的妻子得了重病住院，他欠人家的钱啊，总得还一点，凑了一千还了……他觉得对不住哥哥，愧为人子……

据说，事发前几天，单位领导和同事就发现他时常坐立不安，神情恍惚，心情烦躁。单位领导曾找他谈话，他没透露原因。

咨询师把脉

这是经济压力没有及时排解而造成悲剧发生的两起典型案例。

家庭经济状况不好，很多人都可能遇到。作为家长，在子女的吃穿、购物、花费都受到严重影响的客观情况下，需要给孩子更多的精神抚慰，还要正确地引导他们，树立乐观的人生观，苦中求乐。同时，自己要带头对生活充满希望，使孩子们知道，熬过冬天就会春光明媚。家长应多多关注孩子的情绪变化，不要呵斥，更不能责骂。

孩子们也要体谅父母的苦衷，在力所能及的情况下帮助父母分担一点忧愁，不要与家庭环境好的同龄人比吃喝、穿戴和消费，要比就比理想、能力和学习。但身体有病是不能硬扛的，小病酿成大病，花的钱更多不说，自己的痛苦更大，是不划算的。尤其不可丧失信心。小丽的想法和做法都是褊狭的，走入思想的死胡同最终送命，实在可惜。

蒋××采取自杀的方式解脱压力，是十分愚蠢的选择。

人人都会面临压力，在自己无力时，找朋友、亲戚帮帮忙，不是什么丢人的事。可是，他没有，一个人闷在心里。他念及亲情，重视孝道是对的，在无力承担的情况下，向亲人说说，他们也是能体谅的，他也没有这么做。可能他想的是自己没用，在自罪、自责，错误的认知逼他作出错误选择。白发老人送黑发儿子该是怎样的心情啊。况且，他是知道兄嫂的家境困难的，就那么撒手而去，是在报答吗？

六、高收入家庭也要留好过冬的粮食

很多高收入家庭，缺少理财理念，高收入，高消费，突遇灾难情况时，方知当初不当。

江先生与太太均为研究生学历，江先生是企业高管，月薪两万多；太太是高校教师，年收入五万元以上。他们买了一套一百四十平方米的房子，首付三十万元，贷款六十万元，房子在环境优美的湖边，装修费用花了十八万元。之后他们腾出钱买了小车，一人一辆。谁知，太太的母亲患了尿毒症的重病打破了他们生活的平静，住院费、药物和透析费压得他们喘不过气来，他们不得不卖车。此事未了，孩子查出血液问题。为了孩子，他们只好把心爱的房子卖掉了……

咨询师把脉

江先生的这种情况虽然特殊，但也说明一个道理，居家过日子，应该精打细算，尤其要考虑预防灾害和突发事情。如果他们当初不是大量投资，而是留有积蓄，遇到家庭灾难时，不至于如此狼狈。

1. 要有防范意识

灾难总是突然降临，让人措手不及。在富裕的日子里，在平静的生活中，要树立防范意识，尤其是家中有老人、孩子的，要留出防身保命钱。即使家里没有什么负担，也要为自己留条后路。天有不测风云，人有旦夕祸福，谁也不敢保证自己没有任何麻烦。有备无患，使生活保持整体的稳定。

2. 要重视家庭理财

其实说白了，理财就是多挣少花勤积累，尽量将货币的价值扩大。在具体理财的过程中，要根据自己的收入和开支，作出理财决策。例如，杨先生家庭月均收入为一万元，但家庭住房只有七十八平方米，年度盈余为六万元，储蓄率达到了 50%，家庭无负债，财务状况还是不错的。但是资产的收益率不高，60% 的资产都分布在低收益的存款上。同时，目前的资产配置过于单一，资产配置只有存款和股票，收益性资产都集中在股票上，风险过于集中。而且，虽然目前过的是潇洒的两人世界，但在未来的几年里，家庭负担将会非常重，按照两年后生小孩、三年后购房的短期计划，在不久的将来，将会面临小孩的抚养费和教育金筹备及房贷的沉重负担，属于无近忧但有远虑的小家庭，非常有必要早早进行规划，以期完成家庭所有的理财目标。

那么，他们的家庭理财规划可以从如下几个方面入手：

（1）建立家庭紧急预备金。紧急预备金的额度应考虑到失业，应备三个月的固定支出总额。虽然家庭目前月支出五千元，但在不久的将来，面临着生育费用和保姆费用，另准备每月两千元的超额支出。

（2）作好购房规划。购房规划与孩子出生最好同步，因为，孩子需要空间，月嫂或保姆也要一定的空间。购买地段和价格应与自己的实际状况匹配。

（3）要有子女养育和教育金规划。小孩的养育和教育费用不可忽视。

（4）选择保险抵御未来的风险。保险规划的基本目标是要保障收入来源者一方出现意外情况时，家庭可以迅速恢复或维持原有的经济生活水准，家庭的现金流不至于中断，生活质量不会产生很大的变化。同时为退休的日子作打算。虽然有社保，但只能保证基本生活，要使自己的晚年生活质量得到保证，就得从现在开始打算。

咨询师处方：放松减压

一、放松调节法

通过放松调节法可以缓解血压升高、头痛、气喘、肌肉紧张、呼吸急促、心跳强而快、手掌出冷汗、腹泻、失眠或嗜眠等症状。此外，这种方法还可以用于治疗失眠、抑郁、疲乏感、肠炎、肌肉痉挛、颈背疼、高血压、轻微恐惧症、口吃等。

第一阶段练习。选择一个安静而不受干扰的地方，躺着或坐着均可，闭眼。练习时注意力从一块肌肉移向另一块肌肉，不要用意志。

右手。用力握拳，体会紧张感；放松，再体会放松感。反复。然后练习左手。

右前臂。弯曲，收缩二头肌；放松，体会。反复。然后练习左前臂。

锁眉。收缩前额肌肉，放松，重复。

闭眼。放松，咬紧牙，放松。反复。上下腭紧张，放松；舌头贴紧上腭，放松。反复。闭紧双唇，放松。反复。

头。尽量向后倒，颈部紧张，放松；下巴尽量抵住胸部，体验喉部与颈背的紧张，放松。反复。

肩。头尽量往下缩，放松。反复。

深吸气。同时弓起背，屏住气保持紧张；放松胸部，缓慢呼气，反复。缓慢腹式深吸气，向腹部压气，使腹鼓起；缓慢呼气，使腹凹陷。重复深呼吸三次，将注意力集中于整个呼吸过程。让松弛加深时的沉重感传遍全身，全身都松弛。

腹部。收缩腹部肌肉，放松。反复。

臀部。将臀部和大腿收紧，放松。反复。

脚尖。绷紧脚尖，使小腿紧张，放松。反复。

注意全身各部位肌肉，看是否仍然有紧张的部位；如有的话，可通过深呼吸的方式，将放松感引向紧张部位。

第二阶段练习。经过第一阶段一周左右的练习，能够达到全身松弛，便可进入第二阶段。第二阶段的放松时间要求缩短为五至十分钟。

第二阶段的练习也要选择一个安静的地方，坐或卧，闭目。

运用将注意力集中于呼吸的技术。

（1）将注意力集中于呼吸，深呼吸三次。

（2）将放松感引导到每一块肌群，顺序是右手用力、左手用力、曲右前臂、左前臂、前额、上下腭、舌、唇、颈、双肩、胸、背、腹、臀、腿、足。

（3）注意一下全身各部位，看是否还存在紧张部分。

（4）最后查看是否还有紧张部位，继续将注意力集中于呼吸，同时想象每一组肌群都在放松（犹如发光的灯泡在逐一熄灭）。

第三阶段练习。第一和第二阶段的练习熟练后，即可进入放松训练的第三阶段。这一阶段要锻炼自己通过运用集中注意力的技能，在并不安静的环境下，无须坐、卧或闭目，也能通过诱导达到放松、排除紧张的效果。而且要尽可能缩短时间，最好在一分钟内完成。

最初几次可以闭上双眼，以助于实现注意力集中。逐渐地，应当锻炼睁开眼睛完成练习，但精神不能分散到别的事情上。

（1）将注意力集中于腹部深呼吸。

（2）想象每组肌肉群都在放松。

（3）运用提示语促进进一步放松。

（4）注意是否还有未放松的部位。

（5）继续集中注意力深呼吸，直至所有的部位都达到放松。

二、肌肉放松练习

生活时常会有一些大小事件造成我们紧张或不安，例如工作压力、紧凑的生活步调、考试压力、噪声的干扰、人际问题的处理等，都会影响我们的生活和工作的表现。根据心理学家的研究，适度的紧张压力可以提高效率，但过度的紧张不仅无法提高效率，反而有碍工作的表现。紧张的情绪因为自主神经系统的作用，它在生理上会有心跳急快、肌肉僵硬、容易激动、口干、冒冷汗、手脚冰冷、胃部不适、尿意频仍、发抖及头晕的现象。长期的紧张甚至会造成身体疾病。除了直接处理压力的来源，增加自己解决问题的能力外，假如我们有一套放松自己的方法，随时能让自己进入放松状态，脱离过度紧张的情绪状态，将可减少身体的不适感，并提高工作效率。

1. 如何放松为好

有了放松的愿望后，每个人都有自己惯用的放松方式，譬如遇事先深呼吸两次再去处理，或者通过做体操来松弛筋骨，或者忙里偷闲安排休闲活动以缓和日积月累的工作压力，或者泡泡热水澡，或者和家人朋友聊聊天说些笑话等。另外，也可以借着打太极拳、练瑜伽、学打坐、慢跑等活动来保持情绪的稳定，以及了解紧张、不安的反应。

下面提供一套放松方法，称为肌肉放松练习。它是经由夸大肌肉紧张到放松的过程，让练习者感受放松的状态，以别于紧张的情绪。

2. 肌肉放松练习

这个练习的特点，是先做肌肉拉紧的动作，再做放松的动作，然后去感受由紧到松的过程,再持续保持这种放松的感觉。整个练习分成十个步骤，由手部→额头→脸部→口腔→上身而至脚部。拉紧的动作持续十到十五秒，放松的动作持续约六十秒；拉紧的动作只是一个辅助的步骤，最重要的是去体会肌肉松弛的感受，并持续放松的时间。最后熟练时，可以在“放松”的命令传达到脑部时，不用做任何拉紧的动作，整个身体自然就放松下来。

身体放松相当于制造一个祥和的生理状态，可以使情绪稳定下来。

3. 练习的方式

首先找一个安静的房间，找一张有靠背的椅子；坐的时候采取最自然轻松的姿势，将上半身的重量都置于臀部，两脚的重量平均置于脚掌上，两手自然摆于大腿内侧，然后轻闭双眼。

4. 练习的步骤

（1）将两手抬到水平位置，用力向前伸直，用力握紧拳头，逐次用力后再放松，把两手慢慢放回大腿内侧。然后感受肌肉放松的情形。

（2）把额头往上扬，拉紧额头的肌肉，也是逐次用力再放松。

（3）将眉头往中间拉紧，鼻子和嘴也往中间拉紧，形成鼻子和嘴都撅起来的情形，逐次用力后放松。

（4）是咬牙的动作，用力咬紧牙齿，亦是逐渐用力后放松。

（5）是用力张开嘴巴，再把舌头用力抵住下面的门牙约十秒，逐步用力后放松。

（6）接下来要把身体坐正，低头把下巴抵住前胸，两手向后用力，使胸膛挺出来，也是用力后松。

（7）是向后弯腰的动作，也一样要将身子坐正，第六、七两个步骤放松时要恢复原来坐姿。

（8）做两次深呼吸。

（9）最后一个动作是将两脚抬到水平位置，脚尖向下压，拉紧腿部的肌肉，再逐渐放松。

（10）接着是持续整个身体放松的状态约五到十分钟。

注意事项：

（1）肌肉放松练习像运动一样是一种学来的技巧，要练习才会纯熟。最好每天练习一到两次，每次十到二十分钟。

（2）最好选择没有事情等着你做的时间练习，以便减少干扰。

（3）环境要清静，周遭最好不要太亮，不要全黑，如阴雨天一般的光线最适合。

（4）最好穿宽松的衣服练习，例如运动服、睡衣等。

（5）练习时小心不要吹到风受凉。

（6）练习时闭眼可去除视觉的干扰。

三、三线放松法

主要是有意识地结合默念“松”字，按次序调整身体的各个部位，使整个机体逐步放松，心情平静，停止思维，达到舒适、怡然自得的境地，基本方法是：将身体分为两侧、前面和后面三条线，自上而下地依次进行放松。

第一条线：从头部两侧—颈部两侧—肩部—上臂—肘关节—前臂—腕关节—两手—十个手指。

第二条线：从面部—颈部—胸部—腹部—两大腿—膝关节—两小腿—两脚—十个脚趾。

第三条线：从后脑部—后颈部—背部—腰部—两大腿后面—两膝窝—两小腿—两脚底。

先注意一个部位，然后静默“松”，再注意下一个部位，再静默“松”。从第一条线开始放松，待放松完第一条线后，再放松第二条线，然后再放松第三条线。每放松完一条线后，在一定部位的止息点轻轻意守一到两分钟。第一条线的止息点是中指，第二条的止息点是前脚心。放松完三条线的一个循环以后，把注意力集中在脐部或指定的一个部位上，轻轻地意守该处，保持安静状态三到四分钟，再做下一个循环。一般每次练习做到两到三个循环即可，安静一下，然后睁开眼睛收功。在默念“松”字时，呼吸要自然，肌肉逐步松弛，如果遇到一个部位没有松的感觉，或者体会不深时，不必急躁，可以任其自然，按照次序继续放松下去。默念“松”时不要出声，快慢轻重要适当掌握，要自己多加体会，用意太快太重可引起头部紧张，太轻太慢则可能昏睡。意守困难时可以配合数息法，默数自己的呼吸数，逐步进入意守。最后意守的部位通常为脐部或丹田，也可以根据具体需要选用不同的穴位。练功时要环境安静，思想集中，情绪稳定，松衣解带，采用仰卧靠坐位或平坐位均可。每次二十到三十分钟。也可以单独对身体的某一不适部位或某一紧张点默念“松”字二十到三十次，达到局部放松的目的。在功法熟练后，可以进行整体放松，即依照放松的三条线，从头到足，笼统地、流水般地、不停地向下放松。

四、顺序放松法

放松身体，既是身体轻松的必要措施，也是精神轻松的前提。没有身体放松，要想实现精神放松是不可能的。放松更是自我催眠的必要前提，没有真正的轻松状态，自我催眠无法进行。

放松身体的办法有许多，究竟哪一方法适合于自己，就靠你自己摸索，认真体会，然后选择一二。

首要的在于思想放松，便于放松的感觉在全身流动。放松自己主要有三个重要的部位——颈肩部、颌部和骨盆。

1. 放松颈肩部

这个练习的目的是发展认识。如果你的颈肩部太紧张，当你的感觉通过你的身体时，你可能感觉不到任何变化。让我们从简单的头部转动开始放松。轻轻地向前及向后运动你的头颈部，缓慢地做五到六次，做得越慢越好。然后做简单的旋转，先向左边然后向右边旋转五到六次。做两次放松的深呼吸，然后看看你体会到什么样的感觉，再进入下一步。

接下来用几秒钟的时间来认识你的肩膀。不要做任何的事情。你觉得肩膀紧张吗？你的双肩是低垂的、松弛的，还是抬得很高？当你认识到双肩的空间位置时，你再耸起你的肩膀，这样做可以激发你的情感。上抬双肩并计数到6，然后缓慢地将肩膀放下来，重复这个练习四次以上。做完练习后，闭上你的眼睛，并感觉你的颈部和肩部，将注意力集中在你的肩部和颈部，同时做比正常的呼吸稍稍深一点儿的呼吸，并注意你的颈部和肩部对呼吸的反应如何。当你对你的敏感性增强及对在颈部和肩部的感觉感到满意时，进入下一个练习。

2. 放松颌部

用片刻时间感觉你的颌部的位置。注意你是否正紧紧地咬合你的磨牙？你的嘴巴是紧闭的还是微微张开的？接下来你在耳朵下面大约1厘米的地方轻轻按摩颌部的肌肉。你觉得颌部的肌肉紧张吗？你有时在早晨醒来会感到颌部疼痛吗？有没有人说你磨牙？颌部是留住情感或释放情感的一个重要的关键部位。现在，开始向前及向后移动你的颌部，开始缓慢然后快速地运动十到十五次。然后先缓慢再快速地上下运动大约十五秒钟。

将你的颌部放松一些，足能使嘴巴张开到可以放进一个压舌板，这时你自己想一件你不能做的事。你真诚地反复对你自己，说一件对于你的确是真实的事，如“我不能那样做，我不能那样做，我还是不能那样做”，反复这样说五到六次。

你也可以说：“我还是不能打那个电话，我不能面对他，我还是不能忘记他们对我所做的事。”

当你有那些想法时，注意你的颌部会有什么变化。假如你做得正确，你的颌部可能有点儿发紧，再想一想那样的感觉像什么。使颌部处在自然的、微微张开的位置，然后开始说：“我不能那样做，我不能那样做，你不能强迫我，我真的不能那样做。”你的颌部会再一次有一点儿发紧——至少是这样，记住那种感觉像什么。再一次放松你的颌部，使它至少张开6毫米。这一次，开始缓慢地，然后逐渐快速地上下运动你的下颌——有点儿像你正在哭的样子。像这样做大约一分钟。然后停下来休息，并感受你的颌部的感觉。开始左右运动你的下颌大约一分钟，直到达到松弛的水平。

在这些练习中，注意当你向自己提问时，你的颌部的反应是什么；尝试着去感觉你的思想。不由自主地咬紧牙关说明有一个深层情感问题，也可能是在你内心深处某件事有冲突，你的颌部越放松，你就越容易感觉到这些变化。

3. 放松骨盆

最后，让我们放松身体的较低的部位以增强你对感觉的感受性。从缓慢地环状运动你的臀部开始，先顺时针或逆时针运动，然后再向相反的方向运动，像这样练习两分钟。接下来左右摆动臀部。现在，将你的双手放在臀部，先慢后快地前后送髋。试着感受在骨盆有什么样的感觉。骨盆是体内控制的一个重要来源。当你开始运动并伸展它时，暗藏的情感会开始出现。这些情感可能是焦虑的或强有力的情感，要密切注意有什么样的情感会跑出来。当你做骨盆运动的时候，记住你感受到什么样的情感，接下去的是体察你的思想。

五、渐进式放松法

放松训练是以一定的暗示言语集中注意，调节呼吸，使肌肉得到充分放松，从而调节中枢神经系统兴奋性的方法。

1. 渐进式放松的好处

（1）降低中枢神经系统的兴奋性。

（2）降低由情绪紧张而产生的过多能量消耗，使身心得到适当休息并加速疲劳的恢复。

（3）为进行其他心理技能训练打下基础。

2. 渐进式放松的一般要求

（1）将注意高度集中于自我暗示语上。

（2）需要清晰、逼真地想象带有情绪色彩的形象。

（3）能够清晰知觉肌肉不同程度的紧张状态，从极度紧张到极度放松。

（4）进行深沉而缓慢的腹式呼吸。

3. 渐进放松的练习程序

准备姿势：采取最自然、最舒适的姿势。

二十项练习：（注意：一个“……”代表五秒钟的停顿）

（1）请注意听以下暗示语，它们会有助于你提高放松能力。每次我停顿时，继续做你刚才正在做的事。好，轻轻地闭上双眼并深呼吸三次……

（2）左手紧握拳，握紧，注意有什么感觉……现在放松……

（3）再次握紧你的左手，体会一下你感觉到的紧张状况……再来一次，然后放松并想象紧张从手指上消失……

（4）右手紧紧握拳，全力紧握，注意你的手指、手和前臂的紧张状况……好，现在放松……

（5）再一次握紧右拳……再来一次……请放松……

（6）左手紧紧握拳，左手臂弯曲使二头肌拉紧，紧紧坚持着……好，全部放松，感觉暖流沿二头肌流经前臂，流出手指……

（7）右手握紧拳头，左手臂弯曲使二头肌发紧，紧紧坚持着，感觉这紧张状态……好，放松，集中注意这感觉流过你的手臂……

（8）请立即握紧双拳，双臂弯曲，使双臂全部处于紧张状态，保持这个姿势，想一下感觉到的紧张……好，放松，感觉整个暖流流过肌肉。所有的紧张流出手指……

（9）请皱眉头，并使双眼尽量闭小。要使劲眯眼睛，感觉到这种紧张通过额头和双眼。好，放松，注意放松的感觉流过双眼。好，继续放松……

（10）好了，上下腭紧合在一起，抬高下巴使颈部肌肉拉紧并闭紧嘴唇……好，放松……

（11）现在，各部位一起做。皱上额头，紧闭双眼，使劲咬上下腭，抬高下巴，拉紧颈肌，紧闭双唇。保持蜷身姿势，并且感觉到紧张贯穿前额、双眼、上下腭、颈部和嘴唇。保持姿势。好，放松，请全部并体会到刺痛的感觉……

（12）现在，尽可能使劲地把双肩往前举，一直感觉到后背肌肉被拉得很紧，特别是肩胛骨之间的地方。拉紧肌肉，保持姿势。好，放松……

（13）重复上述动作，同时把腹部尽可能往里收，拉紧腹部肌肉，感到整个腹部都被拉紧，保持姿势……好，放松……

（14）再一次把肩胛骨往前推，腹部尽可能往里收，拉紧腹部肌肉，紧拉的感觉贯穿全身。好，放松……

（15）现在，我们要重复曾做过的所有肌肉系统的练习。首先，深呼吸三次……准备好了吗？握紧双拳，双臂弯曲，把二头肌拉紧，紧皱眉头，紧闭双眼，咬紧上下腭，抬起下巴，紧闭双唇，双臂向前举，收腹，并用腹肌顶住。保持姿势，感觉到强烈的紧张贯穿上述各部位。好，放松。深呼吸一次，感到紧张消失。想象一下所有肌肉都放松——手臂、头部、肩部和腹部。放松……

（16）现在轮到腿部，把左脚跟紧紧靠向椅子，努力往下压，抬高脚趾，结果使小腿和大腿都绷得很紧。支抬脚趾，使劲蹬紧后脚跟。好，放松……

（17）再一次，把左脚跟紧紧靠向椅子，努力往下压，抬高脚趾，结果使小腿和大腿都绷得很紧。紧抬脚趾，使劲蹬紧后脚跟。好，放松……

（18）接着，把右脚跟紧紧靠向椅子，努力往下压，抬高脚趾，结果使小腿和大腿都绷得很紧。紧抬脚趾，使劲蹬紧后脚跟。好，放松……

（19）双腿一起来，双脚后跟紧朝椅子压，压下双脚后跟，尽力使劲抬高双脚趾，保持姿势。好，放松……

（20）好，深呼吸三次……正像你所练习过后肌肉都拉紧，左拳和二头肌、右拳和二头肌、前额、眼睛、颌部、颈肌、嘴唇、肩膀、腹部、右腿、左腿、保持姿势……好，放松……深呼吸三次，然后从头到尾再做一次，接着全部放松。在你深呼吸以后，全部绷紧接着又放松的同时，注意全部放松后的感觉。好，拉紧，……放松……接着，进行正常的呼吸，享受你身体和肌肉完全无紧张的惬意之感……

注意：练习上述20个项目，两天内至少练习三次；录制一个包括第1、8、15和20项的新磁带，使用它两天内至少练习三次；录制一个仅包括第1和20项的新磁带，使用它两天内至少练习两次；大约两周时间完成这个计划，即可在几分钟之内做到完全放松。

六、神经肌肉放松法

这种放松法通常是先从身体的上半部分的肌肉开始，当某一个部位的肌肉放松后，再进行下一个部位的肌肉放松。一个个依序进行，渐渐地使全身的肌肉都放松下来。你必须先找个安静、不受干扰、不会分心的环境。你的电话最好关掉，或暂时拿起话筒，以避免突然受到电话的干扰。灯光不能太亮，有一点昏暗的灯光最好。而且要防止宠物、小孩或室友的打扰。如果这些都准备好了，仍然有噪声干扰的话，那么不妨戴个耳塞或用棉花塞住耳朵，学习的效果是慢慢产生的，不要急着想只练习几次之后就会奏效。

在开始练习之前，你还得将身上的紧身衣服脱掉、皮带解开，连珠宝、首饰也不要戴，室内的温度必须是温暖的，且不要太通风，因为温度太低会妨碍血液的运行，血液不容易流到四肢。

如果你还穿着鞋子的话，建议你还是脱了它吧。

如果你做练习时会感到不舒服、肌肉抽筋或疼痛，只要反复练习，这些不舒服便可以立刻消除。练习时要慢慢来，不可以太急。另外，如果你有哪些部位的肌肉本来就拉伤、疼痛或抽筋，那么这些部位就暂且不做练习，待复原后再做。

因为躺下来可以让你的身体重量由地板来支撑，而不需要肌肉费力地支撑着。你的肌肉要维持在最放松的状态。你的手可以放在腹部上或者是自然平放在身体两侧，你的脚在放松的状况下应该是略微分开的。你也可以在脖子下面、腰下面或膝盖下面垫个小枕头，这样会使你觉得更舒服、肌肉会更加放松。在你开始练习之前，你必须把自己的姿势调整到一个最舒服的位置。在真正熟练渐进式放松法之后，你可以用坐姿或站立的姿势来放松某些部位的肌肉。例如颈部、肩膀的肌肉，不过，在练习的阶段还是以躺卧的姿势为宜。

有时你可能没有很多空闲的时间，无法一下就把以上的那些练习全部做完，或者你突然感到某个地方的肌肉又紧张起来，这时你可以练习以下所介绍的既简单又快速的渐进式放松法。例如：

你可能觉得你的肩膀肌肉紧张起来了，在放松肩膀的肌肉之前，你先要让这些肌肉紧张并耸起你的肩膀，尽量耸得愈高愈好，然后放下放松。注意去感受你放松的肩膀肌肉，你会有一种温暖及轻柔无力的感觉。

另一个很快速的渐进式放松法，是有关你的腹部肌肉。

腹部用力，把肌肉绷紧，你会发现你只能单靠着胸部呼吸，现在放松腹部的肌肉，并且用你的腹部来呼吸，你可以把手掌放在肚子上，当你吸气时你的手会上升起来，呼气时手会下降。你要把注意力放在当你使用这种方式呼吸时的放松感觉。

给自己装个减压阀

职场减压

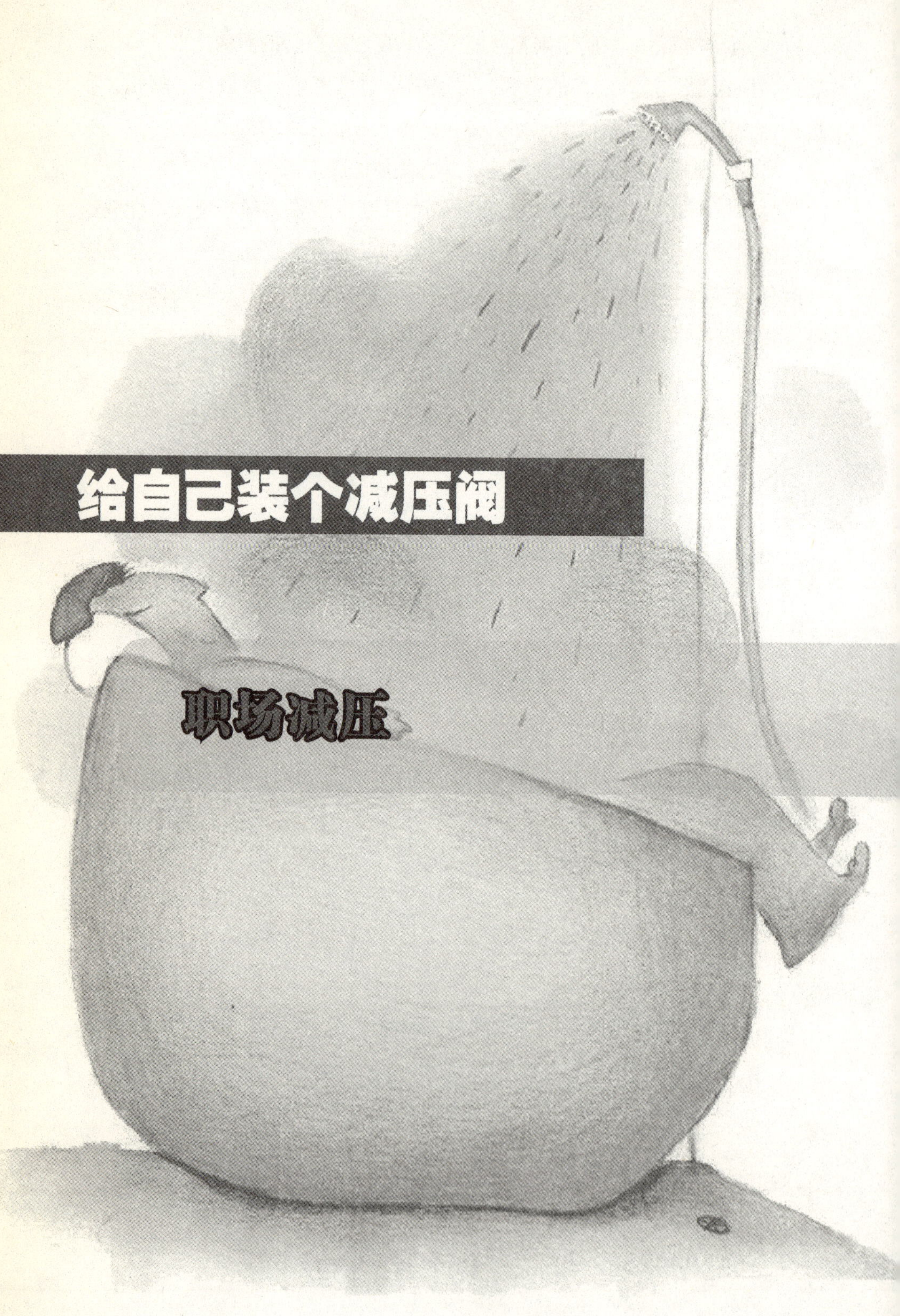

工作压力测试

下面是一个关于工作压力的测试题，你可以直接选择“是”或者“否”。

1．曾感到眼前一片黑暗，突然看不清楚。

2．常常感到肩、颈部酸痛。

3．曾有心悸现象。

4．一爬楼梯就气喘不已。

5．即使是在夏天，手脚依然冰凉。

6．食欲不佳，吃什么都觉得不合胃口。

7．饭后感到心窝处疼痛，且有想呕吐的现象。

8．精神一紧张，就易拉肚子。

9．经常便秘。

10．皮肤粗糙。

11．每晚不易入睡，常失眠。

12．经常感到头重，且有严重头疼现象发生。

13．身体会突然发烫或怕冷。

14．坐在拥挤的公共汽车上，常出现眩晕的症状。

15．身体有某种过敏症状。

16．身体常感到发麻和疼痛。

17．每逢月经时痛得要请病假（女性按实际情况回答,男性可答“否”）。

18．曾患过膀胱炎。

19．手脚或全身感到松软无力。

20．工作时容易疲劳，以至工作效率不高。

21．如果上司在旁盯着，就无法自在地做好事情。

22．很怕在众人面前讲话。

23．必须立刻办妥的事，一急就忙得不知所措。

24．常常歪曲理解他人的话。

25．每当要作出选择时，常常无法作出决定。

26．给人的印象是迟钝，不够灵活。

27．即使和大伙在一起，仍觉得很孤独。

28．容易计较小事，常常弄得心情郁闷。

29．常把事情往坏处想。

30．容易因小事生气。

31．非常在乎他人对自己的评价。

32．置身于陌生的人群中，会紧张害怕。

33．常常焦虑不安。

34．精神常处于紧张状态。

35．没什么朋友。

36．不易感动，感情变得冷漠。

37．早上不易起床。

38．常被人误解。

39．无故地陷于不安。

40．常常感到自己“很差劲”，甚至会自我厌恶。

评分标准：

每题答“是”的得1分，答“否”的得0分。

得分在28分以上者列为A类；20～27分者列为B类；12～19分者列为C类；11分以下者列为D类。

得分分析：

据专家分析，A、B、C、D四种类型，其压力大小的情况分别如下。

A类型：压力为100%。属此类型者，身心压力正处于危险状态，应立即求助于医生，并设法改善生活环境，抛开一切，让身心完全松弛。每天睡眠要充足，每餐营养要均衡。

B类型：压力为70%。对前半部分的问题，大多数回答“是”的人，他身体的某部位可能已出现了毛病。处于此状态者，在饮食方面宜吃猪肉、肝等含维生素B类的食物。对后半部分回答多为“是”的人，此时，不要过多地忙于工作，宜多放松身心，如悠闲地散步或做些活动筋骨的运动以及淋浴等，使精神的压力得到消除。

C类型：压力为50%。处于此状态者，身体虽然没有什么明显不适症状，但健康状态欠佳。此时，首先要检查自己是否偏食。每天宜均衡地摄取多种营养。下班后，应立刻从繁忙的工作中解脱出来，尽量放松自己，哪怕只是凝视天空，也能使心情轻松愉悦。

D类型：压力为20%。在现代忙碌的都市中，压力是免不了的。不过，这种类型的人，一般尚属精力充沛、富有朝气、生活愉快、工作得心应手的人。为继续保持这种状态，必须睡眠充足，营养均衡，心胸宽阔，不拘泥于小事，这样，自然会身心健康。

减轻职场压力

职场如战场，压力如影随形。

在工作中，没有足够能力应对变幻多端的人和事，产生情绪与生理紧张反应，称为工作压力。产生工作压力，主要在于自己把工作当做了高于一切的东西，系自己给自己施加压力。

一个人身上出现工作压力的表现，实际上已经发生了不明智的行为。一是疲于应付。工作量大，或者工作能力不强，精力也不济，事情总是做不完，明显比同事的效率低。二是按部就班。对职责不熟悉，没有创新意识，工作没有气色，做起事来老一套，但内心深处对自己这样的状况不满意，想改变又改变不了，只能凑合着工作。心里有被炒鱿鱼的担忧。三是力不从心。学历不高，能力较差，做文案工作很吃力，因为历史的原因进了机关，但职位一直没有改变，自己觉得没面子，同事只是表面尊重，内心瞧不起。自己缺少自知之明，用老资格安慰自己，弥补心理的空虚，可是压力始终难以排解。四是心绪不宁。觉得屈才，觉得同事素质低下不屑与之为伍，但是又没有更好的去处，将就着工作，时时想着跳槽。五是敷衍塞责。认为自己虽然没有提拔，但能力高于他人，而报酬、职位却不高，没有必要那么认真地工作，只要过得去就行。这些状态，应当纠正过来。

一、主动出击，赢得职场好人缘

诚信，是为人的高贵品质，有了它，人生就有了永不失效的通行证。

她是一个年轻漂亮的中学教师，工作以来有件事一直令她相当烦恼，那就是她所在的办公室里气氛相当沉闷。经常的情形是：同事们在办公室做事，却很少有人说话，也没有笑声。每当她从教室回到办公室，本想放松一下，可是遇到这种所有人都沉默的情形，她就感到特别难受和压抑。她常常忍不住猜测其他人不说话的原因，想来想去总是唯恐自己做错了什么，从而惹得他们对自己不满，因而个个都显出不高兴的样子。

偶尔，办公室里的气氛也会轻松一会儿，四五个人在一起聊天，说说笑笑。那时她的心情会稍稍放松一些。但是这种时候实在太少了，多数时间她都特别紧张，生怕做错了什么，每天小心翼翼，别人不讲话，她也就闷不做声。这样的日子令她难以忍受。

咨询师把脉

一个活泼的人长期置于沉闷的气氛中，确实令人压抑。她可以变被动为主动，在心理咨询师的指导下尝试用合理情绪疗法进行自我心理调适。

她之所以有心理压力，是受到自己错误认识的引导。

“办公室气氛很沉闷，很少人说笑”。这是客观事实。那么她是怎样认识的呢？

（1）办公室里的同事不爱说笑，一定是他们不高兴，在生气。

（2）他们都不愿说话，都在生气，而我却愿意说话，我并没有生气；那么他们一定是在生我的气，肯定是我某些方面错了，他们不好说就生气了。

（3）我不能做错事或者说错话，否则一定会惹得他们对我不满，大家都会讨厌我。

（4）如果我做错事或说错话，冒犯了他们，他们就会冷淡我、疏远我。那全怪我自己不好，没有用。接下去，周围其他的人也会不喜欢与我交往。

还应该让她意识到，自己每天神经都处于紧张状态之中，说话、行动都特别谨慎、小心，唯恐做错了什么，感到特别压抑、紧张、疲惫，就是这些认知，导致了心理的压力，不敢也没有能力去改变现有的人际关系状况，始终处在被动之中。

对于她来说，完全可以这样去思考她周边的人际关系问题。

（1）办公室里总是很沉闷，大家都不说笑，就一定是因为他们在生气吗？——他们不说话，可能是因为工作太紧张，他们要思考自己的问题，要备课改作业，也可能是他们累了需要喘口气，并不一定是在生气。有的人也许是性格使然，天性喜欢安静，不爱大声说笑，总是少言寡语，并不一定在生气。

（2）即使他们真的在生气，难道一定是生我的气吗？——每个人都会遇上不如意的事情，难免有心烦的时候。当他们不高兴的时候，也许是工作中碰到了困难，生活中遇到了挫折，师生之间发生了矛盾和冲突，并不一定是在生我的气。再者，在社会、家庭里都可能有一些烦恼，他们不开心也是正常的。我没有理由总是把别人的不愉快看成是由我造成的。

（3）即使他们真的生我的气，那就一定很糟糕吗？——每个人都会有弱点，不可能永远不做错事，我也不例外，这是正常的。如果我真的做错了事，冒犯了他们，那么他们生我的气也是可以理解的，这并不说明他们对我存有特别的、一贯的不满态度。我不可能也不应该要求自己不在任何一件事上出错。只要不是我故意造成的，就不必过分自责。有些错误可能是无意造成的，有些错误可能是自己的习性引起的。通过冷静的分析，自己的错误是可以改正的，他们对我的看法也是可以改变的，自己没有必要背上包袱。

（4）即使我做错了，令他们对我不满，他们就一定会因此疏远我吗？而且其他人也必定会疏远我吗？——我做错了，会令他们对我不满，但那也并非罪过，只是暂时的错误，我会吸取教训并改正。他们不必因此而对我产生“深仇大恨”，不会不理睬我、故意疏远我。其他人更没有理由疏远我。关键是我怎么和他们融洽相处。我知错即改，应该会受到欢迎的。以往我太过于担心被别人拒绝了。往最坏处设想，就算很多人都冷淡我，我就一定一无是处了吗？我既然生存在这个世界上，就有自己存在的价值，而且只有我自己最了解自己，我应当对自己充满信心。

重新认知，卸下心理包袱，再去进行人际交流和沟通，心情就能轻松。无论她过去错误与否，无论她过去的价值体现与否，从此开始用崭新的方式处理人际关系，比如在适当的时候，在适宜的环境下，主动与办公室的同事交谈、征求意见，真诚地进行工作、学习和情感等方面的交流，那么她与同事之间的关系必定改善，逐步融洽。以诚信的心态面对同事，即使遇到同事都沉默不语的时候，她仍然可以出于真诚或关心，挑起话头，活跃气氛。比如说：“××老师，听说您儿子找到工作了，真为您高兴啊！”再如说：“××，这件衣服您在哪儿买的，把您高雅的气质衬托出来了……”况且，办公室沉闷，还有另外的可能，老师们深受传统文化的熏陶，见她那么年轻漂亮，是不好主动与她说笑的，有些话也是不便在她面前言谈的，有意无意形成对她回避的事实。再者，大家都不说笑，谁也不好带头打破僵局。她能主动挑头把办公室的气氛搞得活跃起来，应该是合适的做法。因为谁都愿意轻松愉快，她也有能力做到，做好。

案例说明，遇事不要只考虑一面，应用面面观看待、分析；遇到压力不要压抑自己，应争取主动，找到化解途径。

二、莫为职场透支健康

在激烈的市场经济体制下，许多人为了得到更多的金钱，取得巩固的地位，通过拼命地工作，来维持家庭运转、供养子女，不惜透支自己的精力，拿着健康赌明天，什么都一个人扛，重负累累，举步维艰，不仅损害了自己的身体健康，也使心灵在巨大的压抑下备受摧残，可谓得不偿失。

汪先生，二十八岁，硕士研究生学历，凭借两项省级一等奖的业绩顺利进入某公司。他业务能力强，创新思维多，很快崭露头角，升职为经理助理。这在他们同学中算是出类拔萃的。工作在豪华的写字楼里，拿着许多人羡慕的高薪，自己也备感自豪，怀着壮志雄心为自己的梦想奋力打拼，每天忙得不可开交，虽然很累，可是他却不放弃。他想再升迁，上一个台阶，年收入增加一大块。他需要钱，他没有家庭经济支持，全靠自己打拼。需要买房，需要买车，还有终身大事要解决。工夫不负有心人。一年后，他被破格提拔为部门总监，按揭购买了一套自己喜欢的房子。同时，爱情之花绚丽开放。他觉得十分幸福，更加努力地工作着。可是慢慢地他发现自己的身体状况越来越差，经常感到头晕目眩、身体乏力，而且心情低落、食欲不振、失眠多梦、身体日渐消瘦，工作状态也越来越不好，偶尔还出现差错，自己不能原谅自己，为此汪先生苦恼不堪。越是焦急，越是心烦，越是力不从心。他是有学问的人，不得不相信科学，医生告知他患有疲劳综合征，建议他好好休息调节，可是他还是放心不下……

虽是高学历，也有出众的能力，可就是不知道如何心疼自己，如何调节自己，这样的情况，生活中并不少见。

小谢是某外企的营销部经理，年轻有为，为了不断提高业绩，扩大销量，他全身心地投入到工作中，事事亲自把关，可谓尽职尽责，得到大家好评，也受到上司的赏识。他为了给大家留下特别优秀的印象，节假日从不休息，一心只为工作，即使无具体事情可做，也要待在办公室里思考工作，对自己也要很认真地反省一番。在他的带领下，公司的产品销售年年都有较大的增长，生意做得红红火火，员工都很佩服他，上司也十分看中他，一再加以褒奖，就连客户也对他信赖有加。他被提升为副总，兼任现职。他感激领导，感激公司，也感激同事，更加拼命地工作。有些事只要自己能做，就不麻烦别人。三十多的人了，连恋爱也未经历，他立下志愿，赚够了房钱，买了车再解决自己的婚姻问题。

后来小谢逐渐感到体力不支，总是觉得疲惫不堪，浑身酸软无力，心情烦躁，易发脾气。他感觉很不对劲儿。领导强行安排他休息了几天。然而继续投入工作后，情况不但没有缓解，反而越来越糟糕。

咨询师把脉

汪先生和小谢这样的情况并不少见。他们年轻，有理想，有能力，有精力，正因为如此，在人们看来十分重要的健康问题，他们根本就没当回事，起初的工作再苦再累他们也受得了，也没有什么察觉。为了工作也不可能认真考虑其他，不顾自己的身体健康，不知不觉中不断地透支精力，最终导致身心的不良反应，如头昏脑涨、腰酸背痛、食欲不振、神经衰弱、虚弱无力、昏昏欲睡等慢性疲劳征的症状。

慢性疲劳征是指极度的疲劳导致人体产生的一系列生理和心理障碍。在身体方面，会导致头晕、头痛、发烧、肠胃疼痛、困乏无力等症状；在心理方面，会感到精神疲惫，力不从心，对工作产生厌倦，经常感到烦躁，易发脾气，工作时心不在焉，情绪暴躁，使同事不敢接近。

慢性疲劳征主要是由持久地工作、过度紧张、得不到适当休息造成的，不仅对人的身心大有损害，而且还会影响工作、学习，破坏人际关系，严重者还可能导致猝死。慢性疲劳征主要是因为现代社会的生活节奏日益加快，工作压力日益加重，人们不得不为工作和家庭拼命努力，而导致心力交瘁，筋疲力尽。在现代社会的职场中，患这种病的人数越来越多，而且多集中在科研、金融、广告、销售、IT 等行业。

他们超负荷地工作导致患病，是不明智之举。相对来讲，用健康换钱、换地位是容易的，但是用金钱、地位换健康却太难了。所以，工作要努力，但不要倾尽所有力量，更不要超出力量而为之。一定得劳逸结合，不要过多地损伤身体。

要避免慢性疲劳征重在预防，在紧张的工作之余，适时让自己放松一下，不要让工作侵占你所有的时间，给自己留一点休闲娱乐的时间，使紧绷的神经得以松弛，使心理压力及时得到缓解。此外要正确地对待金钱、地位和名誉，工作不仅仅是为了争名夺利，除了工作之外，家庭更为重要，不要舍本逐末，要善待自己和家人，营造一个和睦温暖的家庭环境，对你的工作和事业大有好处。

假如平时感觉到有头疼、失眠、劳累等问题出现，一定不可掉以轻心，应及时检查和治疗，防止病状不断加重。

三、巧妙应对职业厌倦征

超负荷的工作，排解不了的工作压力，容易使人心理疲劳，情绪低落，然后对工作失去兴趣，产生厌倦，在心理方面出现各种不良反应，这种现象称之为职业厌倦征。心理的厌倦产生后，身体上也会出现各种不同程度的不适症状，如过敏、胃肠道溃疡、高血压、周期性偏头痛、腰背肩痛等。

随着市场竞争的激烈，人们的职业压力也越来越大，对本职工作产生厌倦心理的人群也是越来越庞大，据有关部门调查，平均每三名工作人员中就会有一名职业厌倦征的患者。

职业厌倦的引发与工作压力大有着密切的联系，对人们的生活和事业会造成诸多不利影响，比如对工作失去兴趣和热情，懒散懈怠，对自己缺乏信心，觉得工作没有价值和意义，对生活感到很失望，悲观消沉，逃避对社会和家庭的责任，后果十分严重。

刘强从某大学毕业后很顺利地进入一家大公司，他很为自己高兴，每天都充满着激情和动力，全身心地投入到工作中去。虽然很累，但是却总会笑容满面，十分满足。因为他的努力，他的业绩不断提升，因此受到领导重用，两次提拔，让同事羡慕。他的工作就是与电脑打交道。网络世界无奇不有，但他对自己要求极严，从不在工作时间干与工作无关的事情。实际上，他的兴趣在文学。但他只能利用业余时间去满足自己的爱好。突然有一天早晨，他发现镜子中的自己失去了笑容，变得愁眉不展，满面憔悴，他知道都是因为索然无味的工作造成的。工作曾经给自己带来无限快乐和成就，而如今突然开始对它百般地厌倦，再也不像从前那样一爬起来就激情饱满地跑到办公室了，如今变得懒懒散散，磨磨蹭蹭，到了办公室也不愿意工作，而且刚到星期一，就开始盼望着周末的到来。他从内心深处开始讨厌自己的工作，而且这种疲倦情绪还在不停地滋长。

他总抱怨，为什么每天都会有那么多忙不完的事，开不完的会议，接不完的电话；一开会他就心烦，一听见电话铃响就觉得刺耳。他也曾试着让自己恢复曾经的激情和快乐，然而很难办到，不像从前那样，工作累了，睡个大觉，出去旅游一回，就能够重新斗志昂扬地投入到工作中。

咨询师把脉

刘强由于超负荷的工作和巨大的工作压力，使自己的心里对工作产生厌倦感，失去了工作的兴趣和热情，是职业厌倦征的典型表现。

许多事实证明，人对工作的厌倦会随着工龄的增长而有所增加，到一定程度便会趋于平稳，一般工作一到三年的员工，对工作较为满意，工作四到六年开始出现厌倦情绪，工作七到九年的员工则容易对工作表现出明显不满，甚至于跳槽，工作十年以上，情绪就相对稳定，对工作已经习惯，甚至舍不得离开这份工作。对工作产生厌倦的原因有很多，比如工作枯燥无味、不适合自己的兴趣、工作量太大、工作压力严重、上司的过分苛刻、个人的追求改变，等等。

作为用工组织来讲，可以切实地采取一些有效措施消除员工的厌倦心理。

1. 改善组织的工作环境和条件，减轻或消除工作条件恶劣给员工带来的压力

设立"情绪调节室"、茶室等，供员工宣泄、释放紧张情绪；在电脑中放置一些发泄对上司不满的游戏；向员工提供排解压力的书籍、音乐、心理咨询的热线电话等。还可以安排上下午各有十分钟的休息、做操时间，工作时播放一些调节心情的音乐，中午休息时可以到公司阅览室看报、读书，也可以到公司健身房锻炼身体，这些对释放压力均有收效。不定期组织员工休闲、交流、娱乐，也是消减员工压力的好办法，也可以让员工保持对公司的新鲜感和满足感。

2. 从企业文化氛围上鼓励并帮助员工提高心理保健能力，帮助员工缓解压力、放松自我

尽可能实施员工帮助计划。该计划通过专业人员对组织的诊断、建议，和对组织成员及其家属的专业指导、培训和咨询，旨在帮助解决组织成员及其家属的心理和行为问题，以维护组织成员的心理健康，提高其工作绩效，并改善组织管理。还可以邀请专家开展讲座，指导员工认识诸如压力的严重后果、压力的早期预警信号、压力的自我调适方法，等等，让员工筑起"心理免疫"的堤坝，增强心理"抗震"能力，不至于对工作产生厌倦感。

3. 用组织的制度和程序帮助员工减轻压力，并加强过程管理

如设立每月一次的员工申诉制度，及时解决员工因工作压力造成的紧

张情绪。企业配以完善的培训计划、薪酬标准和保障制度增强员工的安全感和较为稳定的就业心理，减轻其压力和厌倦感。

作为员工，要从下列方面着手，防止自己产生厌倦感。

1. 增强信心，提高抗压能力

心理学中有一个翁格玛利效应，意思是指对对象进行心理暗示：你很行，你能够做得更好……从而使对象认识自我，挖掘潜力，变压力为动力，快速适应岗位需要。从而可见信心的影响力。在现代企业里，翁格玛利效应不仅传达了管理者对员工的信任度和期望值，还更加适用于团队精神的培养。在强者生存的竞争环境中，翁格玛利效应绝对是最有效的灵丹妙药。增强信心是消减压力的支点，有了信心，才能够顶住压力，顶住压力，才不会轻易产生厌倦感。

2. 培养兴趣，充实生活

压力管理大师戴维森在《完全傻瓜手册——如何纾解压力》中就写到，要想在压力环境下自由呼吸，培养一个兴趣或嗜好是必不可少的，这样至少可以保证你在某个时间段、某一领域集中精神，充实自己，而不用考虑使自己压抑的话题。因此，培养兴趣就好比建立一所加油站，为你的压力管理增添源源不断的动力。

3. 认识自己，做好职业规划

这是压力管理的基础。良好的职业规划帮助员工改善思维，抛弃不切实际的期望值太高的目标，而建立现实客观式的发展目标（特定的、适合自己的）：使自己站在最合适的定位上，处于一个最佳的平衡状态，既不会因为定位过高而面临过度压力，也不会因为定位过低而匮乏压力。职业规划是压力管理的第一步，也是最关键的一步，没有良好的职业规划，那所有的压力管理都是无从谈起的，更不用说避免对职业的厌倦感的产生了。

消除职业厌倦的压力，需要从日常生活和工作中慢慢调整，从观念、心理、身体多方面进行调节，摆正心态，正确认识工作的价值和意义，要制订合理的职业目标，选择自己可以胜任的工作；提高职业兴趣，增强职业情感，热爱自己的本职工作。学会照顾自己，适时地休息和锻炼，增强体质。丰富业余生活，增加生活乐趣，以改变乏味、枯燥的工作。合理管理时间，提高时间利用率，保证生活有张有弛，减轻工作压力。

在科学技术飞速发展的今天，竞争日益激烈，人们生活、工作的节奏不断加快。工作忙，工作累，工作压力大，但要注意积极应对，以乐观的态度调整自己的心态，通过各种方式放松身体和心灵，打造一片充满阳光的欢乐地带，让工作轻松些，让生活快乐些，让生命灿烂些。

四、成功处置妒嫉的冷暴力

人若陷进嫉妒的泥潭，什么事情都做得出来，因为，他已经没有理智可言。

李宇名校毕业，在别人还在为工作发愁的时候，他很顺利地进入新单位工作。新人乍入职场，自以为学历最高，能力最强，难免出现眼高手低的情况，于是在工作中时常表现出自满和看不起同事的倾向。

一次，部门主管给他分配了一个很简单的任务，可他偏偏没有完成。主管特别生气，直接把任务交给另外一个同事张强。张强很出色地完成了这个任务。主管在部门会议上热情地表扬了张强："虽然张强的学历不算高，但办事效益高，而且踏实认真，各位同事，尤其是新入职的员工，都应该好好地向他学习。"

李宇在主管表扬张强的声音中低下了头，他心想，表扬张强，就是变相地批评自己。这个张强也是，显摆什么呀，不就是比自己早来单位几年吗，有什么了不起的，为什么非要那么积极地干自己没干好的工作。

在以后的工作中，李宇总挑张强的毛病，明里暗里总是和张强做对。可张强很大度，基本上不和李宇计较。时间久了，在同事心里，就留下了张强踏实能干，李宇眼高手低、嫉妒心强的印象。在年底的绩效考核中，张强排名靠前，李宇为最后一名，公司实行末位淘汰制，李宇被淘汰出局。

咨询师把脉

当人们的占有欲被现实或潜在的因素威胁时，就会对这些因素产生憎恶之情，这就是嫉妒情绪。

在别人遭受不幸的时候幸灾乐祸，在别人取得成绩之时心不满，嗤之以鼻，这就是嫉妒情绪的流露。

嫉妒情绪的主要表现在如下几个方面。

1. 憎恶

具有嫉妒情绪的人内心深处，都希望别人不如自己。假如别人比自己强，就在背后说坏话。别人受到表彰，他嫉妒；别人评上了高职称，他嫉妒；别人的衣服穿得好，他也嫉妒；别人有人赞美，他还是嫉妒；别人得到提拔，他更是嫉妒……指桑骂槐，愤愤不平，有时也郁郁寡欢。

2. 诋毁

嫉妒情绪严重的人，除了心理上的嫉妒外，在行动上要采取许多措施。别人找到称心如意的恋人，他要说三道四，造谣诬蔑，挑拨人家有感情，说女的曾经与谁一往情深，说男的与旧爱情重温旧情，拆散鸳鸯他才开心；别人提拔了，他就散布谣言，说人家如何如何巴结领导，送了多少多少礼才得到的，说的有鼻子有眼；别人出版了专著，无中生有说了家剽窃、占用他人成果。凡此种种不一而足。

3. 对比

在自私心理的支配下，什么都与别人对比，子女升学、就业，平常的衣着打扮，爱人的职务、工资等都是对比的对象。对比的根本目的，在于满足自己的虚荣，比别人强就高兴；比别人差就不舒服。

怀有嫉妒情绪的人是在不断地对别人的打击中寻找乐趣，以求内心平衡，而他们自己的生活却因此搞得一团糟。正如古希腊哲学家德谟克利特所说："嫉妒的人常自寻烦恼，这是他自己的敌人。"与其说是别人的成功妨碍了他，倒不如说是他自己的关注点发生了偏离，自愿从生活轨道上滑落而自毁前程。

客观地讲，每个人难免不嫉妒，然而正常的人是用理性去抑制，同时在刺激自己，不断努力，与别人并驾齐驱。而喜欢嫉妒的人却是任由嫉妒之火燃烧，理智往往会被内心这种疯狂的爱情消耗掉，使他人和自己两败俱伤，可谓害人害已。

一旦被嫉妒的枷锁套上，那么生活中就会有太多的事引起你的不平和愤恨。日常生活中每一件事都有可能成为心情烦躁的源泉，你会终日饱受嫉妒的折磨。那么，为什么会产生嫉妒情绪呢？究其原因，不外乎以下几个方面。

1. 自私

心胸狭窄，不能容人，自私的天性突出，使这些人接受不了别人强于自己的事实。无论在情感上，还是在社会地位、工作业绩上，只要有人走在了自己前面，嫉妒之火就烧得他们片刻不宁，轻者内心愤愤不平，重者就要设法诋毁他人。

2. 比较

与别人作比较，发现自己与他人的差异便生妒嫉之心。特别是女性，经常攀比。为了不使别人超过自己，便会时刻想着如何打击、诋毁他人。如此一来，不可能埋头专注于自己的事业，而是把所有的精力都放在关注他人的一举一动上。嫉妒就像一个长在心头的刺，使其意乱神迷、无法掌控人生的方向。

3. 虚荣

以为自己比别人差就没有脸面，掉底子。一同入伍的战友，同班毕业的同学，一起提拔的领导，都有不甘人下的心理，一旦强烈，必然生出嫉妒之心，并把情绪流露出来。

罗素在谈到嫉妒时曾说："嫉妒尽管是一种罪恶，它的作用尽管可怕，但并非完全是一个恶魔。它的一部分是一种英雄式的痛苦的表现；人们在黑夜里盲目地摸索，也许走向一个更好的归宿，也许只是走向死亡与毁灭。要摆脱这种绝望，寻找康庄大道，在超越自我的过程中，学得像宇宙万物那样逍遥自在。”

在生活和工作中，尝试从以下几个方面清除自己的嫉妒情绪。

1. 读懂自己

通过冷静分析自己的实力和优缺点，慎重对待得与失，强迫自己转移心理注意力，就能使自己从嫉妒的心理中解脱出来。克服嫉妒，一定要正确地认识自我，客观评价别人。“金无足赤，人无完人。”一个人限于主客观的条件，不可能万事皆通，样样比别人好，时时走在别人前面。要接纳自己，认识自己的优点与长处，也要正确地评价、理解和欣赏别人。在因为嫉妒心理而给自己的精神带来一些烦恼与不安时，不妨冷静地分析一下嫉妒的不良作用，同时正确地评价一下自己。对于与自己曾经处于同一水平线上、各方面条件都和自己相仿的人，要看到人家潜在的优势，认识到自己的不足之处，从而做到知己知彼，取长被短，这产才能进一步激发出自己的活力，奋起拼搏，不断地做出新的成绩，避免落后于人。只有正确地认识了自己，才能正确地认识别人，嫉妒的锋芒就会在正确的认识中钝化。

2. 宽厚待人

嫉妒不但损害别人的事业，同时也阻碍着自己的进步。嫉妒者嫉恨别人，竭力贬低、败坏别人，成天处于愤懑的妒火之中，不能正确看待别人的进步和成就，看不到自己和他人之间的差距，不想奋力赶上。这样一来，自己与被嫉妒者之间，必然拉开更大的距离，到头来只能是愈来愈落后。嫉妒人家，无非是怕人家比自己强，显得自己不光彩。但是，怕也无济于事，嫉妒不能给自己增加什么好处，反而更显示出自己的落后、狭隘、卑劣。既然如此，何必嫉妒他人而不去善待他人？与人为善，尽可能地给人以帮助。为别人的进步和成长提供帮助和支持，让人们在人格上尊重你，比起因嫉妒他人而让旁人看不起你似乎更为重要。

3. 激励自己

一般说来，嫉妒心理较多地产生于原来水平大致相同、彼此又有许多联系的人之间。特别是看到那些自认为原先不如自己的人都冒了尖，于是嫉妒心油然而生。因此，要想消除嫉妒心理，就必须学会运用正确的比较方法，辩证地看待自己和别人。要有强烈的事业心，自信踏实，不计较一时得失，对未来充满憧憬。从小事做起，从实处做好。那么即使他胸中有积闷、心中有怨气，也会自然化解，而不会受到嫉妒情感的困扰，见贤思齐，努力学习先进，使自己也跨人先进的行列。学习、工作也是一种竞赛，竞赛就难免有对手，对手之间各取所长，互相角逐，这是一种向上的动力，把触角伸到广泛的知识领域中去探索，把自己的身心沉浸在丰富多彩的集体活动中，努力去充实、丰富自己。要善于发现和学习对方的长处，纠正和克服自己的短处。而不是以自己之长比别人之短。这样，嫉妒情绪自然而然地就会消失。

4. 充实生活

寻找新的自我价值，使原先不能满足的欲望得到补偿。当别人超过自己而处于优越地位时，你若是聪明者就应当扬长避短，寻找和开拓有利于充分发挥自身潜能的新领域，以便能“失之东隅，收之桑榆”。这会在一定程度上补偿先前没满足的欲望，缩小与嫉妒对象的差距，从而达到减弱以至消除嫉妒心理的目的。例如，某人虽无真才实学，却善于钻营，官运亨通，成为你的上司。对此，你大可不必嫉妒，而应发挥自己的专长，在业务上刻苦钻研，精益求精，同样可以令别人刮目相看。

5. 宣泄情绪

为了阻止自己的嫉妒朝着更深的程度发展，在嫉妒产生的初始阶段，嫉妒者就应该多找朋友倾诉，面对知心朋友尽可发发心中的牢骚。朋友的劝慰和开导会使自己轻松很多，无形之中稀释了嫉妒的浓度。当你被嫉妒的恶魔缠绕的时候，如果一时找不到知已，另一个好办法是通过转移注意力摆脱产生嫉妒的心境，如去参加劳动、去锻炼身体或大声唱唱歌、跳跳舞，做做自己喜好的活动：如绘画、钓鱼、下棋、旅游等等，还可以去大自然里散散步，或找个没人的地方大哭一场。这些都可以冲淡内心怨恨情绪，使嫉妒心理得到情绪上的宣泄。

五、都市白领，请把包袱甩掉

都市白领，面对的不仅是21世纪的不安定、不可测的多变经营环境，同时还要面对来自上司的压力，来自公司同事和部属的挑战，来自公司经营策略的变化……这群人所面对的生存压力与岌岌可危的态势决不是努力加苦干就能应付的。因为，每天都会有新的竞争对手在他们身边涌现。此外，他们所面对的还将是市场竞争的不断加剧、利润空间的无限压缩，而压力也决非仅仅来自外在的空间，更有自身的自危感受。

M曾经在一家私企担任过三年多的部门经理，对“精神压力大”的体会特别深刻。她那个部门负责公司的宣传、策划，都是又累又细的活不说，而且工作当中的“变数”很大，日攻夜战赶出来的工作，常常要面临推倒重来的命运。即使整体工作取得成效，他们也没什么功劳，假如出现问题，他们也得首当其冲地挨批评。工作带给她的精神压力非常大，一接到任务，就条件反射似地想到“肯定又要砸锅”，用“寝食难安”来比喻一点也不为过。

年近三十的H小姐也感觉自己这两年的生活过得有点不太顺心。作为企划主管，工作的压力让她时时刻刻绷紧神经，也丧失了很多生活乐趣。她与丈夫结婚快四年了，一直不敢要孩子。为了给自己减压，寻找丢失的生活乐趣，解决长期职场生涯耽误的“个人问题”，决定暂时辞去工作，先生个胖娃娃再说。

咨询师把脉

都市白领的压力问题，可以说尽人皆知。说他们是职场压力最大的群体，一点也不过分。他们之所以压力巨大，主要是下面几个原因导致的心病。应该对照下列方面，有针对性地改变。

1. 不能清晰认识自己

事业发展到一定阶段，很多白领对自己的认识反而模糊了。有的白领在机会面前瞻前顾后，犹豫不决；有的则过于追求变化，放弃了有发展前途的工作。

2. 年龄恐慌心理

最近，由年龄而产生的心理恐慌症在职业女性中开始弥漫。她们面临随时被老板解雇的危险，而许多招聘广告又拒绝三十五岁以上的女性。

3. 疲劳心理

随着阅历的增长，白领对工作的敏感逐渐减少，不少人出现了莫名的疲惫感，这种来自心理的疲劳感降低了工作效率，也会削弱自身发展的竞争力。

4. 寂寞心理

尽管生活和工作繁忙而紧张，可是一旦停止忙碌，许多白领就会从内心涌出一股渴望，渴望将生活中的烦恼、幻想和情感向人倾诉，以寻求心理依靠。

5. 目标游移

许多白领爱跟别人比较，总觉得自己处处不如别人。这种来自内心的干扰容易让自己预定的目标被外界的目标所迁移。

6. 不满待遇

社会环境的不断变化，贫富差距的加大，使不少白领盲目地陷入对金钱的追逐中，希望自己早日成为粉领、金领。这也许是一种工作动力，然而对待遇不满足的追求会令人生失去许多应有的乐趣。

工作压力对都市白领有很大的不良影响，必须及时处理、安排和缓解工作中的压力而不至于因为压力过大而垮掉。试试下面的方法。

1. 分散工作压力

可能的话把工作进行分摊或是委派以减小工作强度。你没有权力分摊的话，就将自己的工作进行分解。先急后缓，先大后小。千万不要陷到一个可怕的泥潭当中，认为只有你是唯一能够做好这项工作的人。也千万不要认为今天干不完就于心不安。只要不是十万火急，下班了，就安心下班，太累了，就放一放。如果你认为只有自己一人干得好，对他人不放心，你的同事和老板同样也会那么想，于是就会把工作尽可能都加到你的身上。这样你的工作强度就要大大增加了。你会越来越累，压力与日俱增。因此，要学会分摊和分解。

2. 工作不是一切

当你的大脑一天到晚都在想工作的时候,工作压力就形成了。想得越多，压力越大。一定要平衡一下生活。工作只有八小时，你还有应酬、同学朋友、家庭。要留出一些时间给家庭、朋友，进行社交。最重要的是娱乐，娱乐是减轻压力的好方法，是消除心理压力的良药。会娱乐，才会工作。

3. 建立良好的办公室关系

与同事建立有益的、愉快的、合作的关系；与上司建立有效的、支持性的关系，理解上司的责任并让上司也理解你的思想，了解自己和上司在工作中的权利和义务，服从上司，从善意出发，对上司的不妥之处及时且用恰当的方式指出；对自己的过失及时检讨，真诚改正，但不要搁置在心上，千万不能把错误当做包袱背上。

4. 知道得失所在

对工作，要及时总结，妥善计划。对所有的出色工作都记录在案，并不时查阅。这样做一是总结经验，二是为自己寻找自信。为将要进行的工作制订一些短期计划，作尽可能细致的准备。把错误和缺失也列出来，思考应对措施。

5. 累了就歇一歇

暂时将工作抛开休息一下，呼吸一下新鲜空气。一天中多进行几次短暂的休息，做做深呼吸。呼吸一下新鲜空气，可以使大脑放松，防止压力情绪的形成。千万不要放任压力情绪的发展，不能使这种情绪在一天工作结束时升级为压倒你的工作压力。同时做适量的运动，比如散步、爬楼梯，下班后还可以健身。这些活动有助于释放压力，放松大脑，恢复精力。

6. 享受个人空间

不要总是想着工作，努力在每天都安排一段时间处理自己的事情，应切实明白“工作是干不完的，钱是赚不尽的”的道理。发展一下自己的爱好，养花、书法、聚会，在个人空间里好好休闲。

7. 随它去

辨别一下你能控制和不能控制的事情，然后把两类事情分开，归为两类，并列出清单。开始一天的工作时，首先给自己约定：不管是工作中的还是生活中的事情，只要是自己不能控制的就由它去，不要过多地考虑，给自己增添无谓的压力。

六、调整“80后”职场新鲜人的状态

“80后”作为独生子女第一代，经常成为“问题青年”的标志。浮躁、叛逆、眼高手低、怕吃苦、难以融入团队、自尊心强、说不得更骂不得，诸如此类的问题，都套牢了职场“80后”，“80后”几乎成为一个玩世不恭者的标签。

不管是“80后”自己本身的原因，还是人们的误解和舆论的曲解，“80后”已经不可逆转地登上了职业舞台，成为中国各企事业单位不可或缺的一分子。

“80后”大学毕业后，到单位工作，有一个适应的问题，悠闲的校园生活方式被紧张的职场打拼所代替，使这些处于“断乳期”的职场新人面临着巨大转型压力。相对来讲，他们心理承受力差、不懂人际交往、礼仪文化缺失，在职场中苦恼不堪，同时，单位对他们也伤透脑筋。

他们在备受宠爱的环境中长大，生活在人口较少的小家庭中，生活圈子较小，平常接触的多是同龄人，在一起又说又笑又闹，“唧唧喳喳”，对一些老职工来说，不太看得惯；他们在领导面前也还老实，但普遍不是特别稳重，对布置的工作时间观念不是很强，容易表现得比较拖拉。结果经常因工作失误受到领导批评和训斥，在这样的情况下，多数会表现得比较极端，或者大哭，或者吵闹，不太会冷静地处理问题。

刘得是1981年出生、2005年大学毕业的科员，有理想，有激情，但生活的优越感使他对社会的适应能力有些生硬。他所负责的工作基本合格，但从未主动超额完成工作。不喜欢身边同事指点与帮助，喜欢通过即时通信方式向外面的人救助，敢大声讲自我身价，自信与自我集于一身。他不注重细节，但思维开放，经常有新创意。他不容易听取别人的意见，别人好心指点，他要么顶撞，要么争辩，要么干脆不理睬，同事和领导对此很头疼。

现在领导给“80后”布置工作，大多数情况下会像对待孩子那样“连骗带哄”：“小李，你乖一点，今天五点下班前一定要完成任务，可以早点下班。”“小徐，你不要再和小李说话啦，让她快点做。”否则，不能引起他们的重视。虽然“80后”年纪小，但身在职场，没有几个人愿意因为你年龄小而迁就你。

“80后”有时会忽视一些工作中的小细节，如接电话时喜欢大声说“喂，谁啊”，坐姿不雅观，喜欢凭借自己的好恶等个人感情决定自己的工作态度等。

基本的社交礼仪看似很简单，但在工作中恰是用得最频繁的，这些职场新人恰恰不以为然，比如接电话，大大咧咧的，不讲礼貌："喂，你找那个呀？""你大点声，我没听清楚！""我不知道！"诸如此类，会被认为个人素质不高，会直接影响到单位的形象和业务。

金力就是这样的女孩，纯真善良，却口无遮拦，看到企业和同事不对自己口味的事情就直接说出自己的感受。由此，主管提醒她，以后接电话要对人客气一些，她在众人面前顶撞了主管："哪来那么多讲究，我一没争，二没吵，怎么就不礼貌了？"让主管脸上很没面子。过后，她自己也很后悔，心想这下可惹了大祸，不被炒鱿鱼，也要被主管报复。

可是过去了两个多月，主管竟然像什么事情都没发生过，对她依然如故，越是这样，她心里越是没底，虽然言行上也收敛很多，但终于有一天还是忍耐不住，跑去找主管承认自己的错误，没想到主管却说："没有什么呀，刚出校门都要有一段不适应的时间，容易对事情看不惯……你干活麻利，做事爽快，都是你的长处，做事愣头愣脑，说明你还没有长大，随着时间的推移会逐步成熟和理性，到那时你就会变得更完美了。"小金感动得当时就掉下眼泪。对照主管，觉得自己很没修养。

更多的大学生像金力那样，天真烂漫，刚刚从学校出来，带着稚气和纯真，不拘小节，心直口快，想做就做，时有自由散漫的现象出现，"大毛病不犯，小毛病不断"。只有经常加以引导，才有可能让他们自思自省。

一毕业就想身居要职，在"80后"中，也不少见。他们认为自己被单位"大材小用"了。

小吴是一所名牌大学毕业的博士，在学校是有名的"才子"，可他到了新单位后，发现自己没有那么"吃香"了。工作近一个月来，除了接电话、开会、收发传真等基本工作，他没有得到任何展示自己才华的机会。小吴认为，部门里很多同事不过是本科生，论学历、才华根本比不过自己，因此他很烦恼。

小吴公司的领导则指出，刚进单位的所有新人必须从基层做起，一方面是让新人充分了解单位的运作情况，熟悉各项业务；另一方面也是出于单位考察新人、锻炼其能力的需要。但现在很多新人往往自视甚高，一进单位就想身居要职，这种想法太好高骛远。他就是理解不了，干脆另寻门户。

咨询师把脉

对于管理者和年龄稍长一些的同事来讲，可以通过以下几种办法引导和帮助“80后”职场新人。因为只有妥善处理这个问题，办公室的气氛才会轻松，自己的压力也能相应减轻。

1. 帮助他们正确认识自己

初出校门的大学生习惯于把自己看得很了不得，瞧不起老员工，认为他们思想陈旧，跟不上形势；再就是进入单位就欲大显身手，展示才干，为自己制订过高的目标，接触现实环境时，往往会产生一种失落感，感到处处不如意、不顺心。因此新毕业的大学生在踏上工作岗位后，要能够根据现实的环境调整自己的期望值和目标。作为管理者或是年龄稍长的同事，要帮助“80后”职场新人认识到职场不是学校，不是家庭，学生时代的骄娇之气应当彻底戒除，切忌以自我为中心；要具备一定的沟通技巧和合作精神，脚踏实地地走好每一步。

2. 尽量尊重他们的个性

“80后”实际上是很矛盾的一个群体，在某方面很先进，比如，他们的知识信息量大，自信，创新，但在另一方面，承受工作的压力相对较弱，而且对工作的期望值很高。那么管理“80后”，引导他们确立适当的期望值是最关键的问题。在指导“80后”的过程中，管理者要用比较亲切的方式，不能让他们感觉到是在命令他们，那样会引起他们的反感。交流要和风细雨，像朋友般聊天一般，在关键点上，要倾听“80后”的想法，事先给他们一些提醒，让他们承担更多的责任；碰壁之后要和他及时沟通，然后设法引导。

人力资源管理，显然不能再用以前的老思维管理新入职场的这批人，要运用一些适合他们性情的方式陶冶他们，让80年代出生的人在宽松和谐的环境中觉得有机会、有趣味、有利益、有奔头，这样就可以实现企业与新生代的共同成长。对他们的个人爱好、习俗，乃至穿戴，只要不影响工作，都可以迁就。不要过多干预，甚至用过去的眼光来衡量。千万不要扼杀他们可贵的个性，而应把他们的个性培养得适应团队和集体，使他们的潜能在个性中发挥出来。

3. 有针对性地进行管理

对待“80后”，如果用一个模式去管理，那肯定出现套不上的现象。对待“80后”，不要一概而论，更不可一棒子打死。对他们需要分门别类地管理。要鼓励员工说真话，或者干脆组织他们一起聊天，让他们想说什么就说什么，这样的环境大家都觉得非常自由、开放、舒服，是非正式的环境，大家都会参与，都会很高兴。建立网站论坛之类的自由交流基地，让员工随意发表自己的一些想法。再如淡化等级观念的虚拟团队做法。每个人负责一部分，大家一起成功一起失败，把以前很牢固的架构冲破，让个人价值与项目成功同时体现。这些方式，可以培养人才，也可以发现人才，以便更好地使用人才。管理者们将要改变的也不只是管理方法，还要重新树立管理权威和管理关系，包括建立新的、符合当代人需求的激励理论。面对“80后”，可以采取下列办法着力打造。

(1)塑造良好动机。动机是推动个人达到某一目标而采取行动的内驱力。企业在新员工入职培训的过程中，就应该了解新员工的工作动机，并适当加以引导，以保证新员工有正确的工作目标和方向，以免出现偏颇。同时在员工职业生涯规划的过程中也要结合企业的需求和员工自身的工作欲望及能力，避免出现给他人做嫁衣的现象。

(2) 打造工作个性。“80后”是彰显个性的一代，这给管理者带来一定的困扰。想改变他们多年形成的个性是不现实的，所以，管理者要试着建立或打造他们的工作个性，并使其符合工作要求。要让员工学会在工作中扮演不同的角色，并能使其与自身的生活角色分开。多做角色互换练习或多研究工作案例是很好的方法。

(3) 树立正确的价值观。“80后”普遍存在落差感。他们专注的不再只是理想与现实的差距。其中掺杂了很多对自己认知的偏差。合理地为员工设计形象，可以增加其对工作的使命感和重要意义的认知、认可。缩小自我认识与自我角色的差异，同时为其树立更符合企业的价值观，使他们变得自信、坚强起来。

（4）定位社会角色。“80后”大都缺乏社会角色的认知。他们很少服从组织，接受并认可一套行为准则。他们喜欢创新，喜欢用自己认为对的方式做事。甚至他们也不了解合作的重要性，他们总是在充满团队精神的今天去体现强烈的个人英雄主义，并在其中努力体现自己与众不同的价值。他们通常最喜欢做的就是改变，甚至改变组织的一切。所以管理者必须很明确地强调什么在组织内是对的，什么在组织内是错的。并可采用换位思考和假想组织变革等游戏来加强员工对组织的认可，并充分灌输组织的开放性和边际效应，让他们深入地了解到自己的行为对组织的影响，对自己的社会角色有个新的定位。

（5）指导继续学习。当今是知识爆炸的年代，它引起了很多人对知识的盲目崇拜和认可。普遍接受大学教育的“80后”更有同感，他们对新知识有很大的需求，尤其是和自己的工作相关或和自己的梦想、爱好相关的知识。另外，从另一个角度来看，增加员工和工作相关的知识量，是有利于提高员工绩效的。所以，企业不妨设立企业大学，规模较小的企业也可以设立员工学堂，适时地为员工提供所需的培训，以增加员工的整体素质，并满足其对知识的渴望和需求。

4. 鼓励和委以重任

有些“80后”在学校时往往是个好学生，功课好，肯钻研，经常在各种活动中得到锻炼，有一定的组织能力和工作能力，在企业中也希望能得到上司的重视。当他们在企业的基层里干过一段时间后，如果表现出色，就应该作为骨干力量，委以重任，让他们看到前途是光明的，让他们受到鼓舞。如果他们表现得过于狂傲，急功近利，则应该加以引导，让他们懂得做人的道理，理性地求得发展。

唐实是个广西农村长大的苦孩子，读大学很不容易，在学校里，因为贫困，请不起同学，所以，也从不接受请客。他从来没有放弃过学习的时间去参加各种同学小聚，因此知识功底比较扎实，但是，略有些孤僻。工作后，做事也是踏踏实实，有模有样，上司很喜欢他，认为他可塑性很强，并不是天生沟通能力差，而是家庭环境限制了他的社交，于是有意识地培养他的工作能力和沟通能力，交办他一些与其他部门沟通和协调的事情，这样，小唐的自信心和沟通能力一天天增长，几个月以后，小唐成了主管的得力助手，在锻炼中成熟起来，在工作中成长起来。

5. 宽容与教育

“80后”毕竟刚刚走入社会，各个方面的阅历都不足，为人处世方面难免显得有些稚嫩，管理者应在工作中，采用合适的方法，多给他们提示和指导，让他们去掉身上的缺点，尽快成熟起来。

小强从小就是家里的小皇帝、总指挥，爷爷、奶奶、外公、外婆、爸爸、妈妈整天被他指使得团团转，但是还是让他觉得自己的军团不够强大，处处不满意。参加工作后，懒、散、骄、娇，样样不少，每次领导安排他做事，他都不舒服，心里有气，回家对父母发火。一天，又挨了领导批评，觉得好像整个世界都错了位，竟然与上司大声吼叫，气得上司手脚发抖，说不出话来。小强却很得意，认为只有他才会有这样的壮举。事情传到老板那里，老板本要立刻炒掉他，但是一想到他只有二十多岁，与自己的孩子差不多大，人生的路还长着呢，老板的心就软了下来……

有些人从小娇惯任性、毛病多多，做人做事都会有一定的问题，如做事没恒心、没毅力，急于求成，不能持之以恒；决心大、保证多，见了困难就回头，碰到钉子就打退堂鼓；欠缺脚踏实地、吃苦耐劳的精神；不虚心，考虑问题习惯以自我为中心。对于这类人要采取挽救的办法，多一些宽容、真诚提示和帮助。

如果企事业单位的领导可以进行以上的尝试，许多“80后”给大家带来的工作困扰和管理减力可以得到不同程度的缓解。对于“80后”自己，也应该从以上各个方面努力调节自己，减轻自身初入社会的巨大压力，轻松地、有谋略地与领导、同事相处，为自己营造比较和谐的工作氛围。

对于“80后”来讲，当务之急是要学会与人交际。每个人不可能孤立地在社会中生存，都需要与周围的人交往。交往是人生中的一件大事，一个人绝不可能不与任何人交往。交往的好坏直接影响着一个人的生活与事业。善于交往的人能够让自己活得幸福而且轻松，不善交往的人总是在一种尴尬、凝重的氛围中品味孤独。

作为“80后”职场新人，你是否了解自己的人际交往能力？如果你不具备人际交往的能力也没有关系，下面这几点将教会你怎样掌握人际交往的秘诀。

1. 谦逊是第一大法宝

假如你做到了这点，你就会发现你会有很多朋友。这是在与朋友相处时提高人际交往能力的法宝之一。

2. 投其所好是另一个法宝

俞伯牙爱弹琴，钟子期善听，正是投其所好啊！如果说愿意谈“高山流水”的典故，不愿过多谈论“投其所好”的方法，完全是受雅俗观念的约束。提高人际交往能力时完全不必要那些虚荣。

3. 巧妙应对是压轴的法宝

不知道从何时开始，你被同事们排挤了，你心里是否特别不舒服。别着急，我们先来分析一下。被同事排挤，不外乎以下几种情况。

（1）近来升级连连，招来同事妒忌，所以群起排挤你。

（2）你刚到新单位，你有着令人羡慕的优越条件，包括高学历、有背景、相貌出众，这些都有可能让同事妒忌。

（3）雇用你的人为公司内人人讨厌的头号公敌，故连你也受牵连。

（4）衣着奇特、言谈过分爱出风头，而令同事却步。

（5）过分讨好上级而疏于和同事交往。

（6）妨碍了同事获取利益，包括晋升、加薪等可以受惠的事。

假如因为第（1）、（2）种情况造成，那是你无法改变的，你只有谦虚谨慎，诚挚地与人相处，和善地对待同事，才不会使距离拉远。

如果因为第（3）种情况，也不是你本身的过错。但你的为人一定要正直，以礼仪为先，以诚恳为本，以工作为重，用事实来证明你非凭借关系生活的人。

如果是属于第（4）、（5）种情况，那你便要反省一下，因为问题是出在自己身上，如想令同事改变看法，唯有自己作出改变。平时不要乱发一些惊人的言论，要学会当听众，衣着也应切合身份，既要整洁又要不招摇，过分突出的服装不会为你带来方便，如果你不是土包子，就是为了出风头，这会令同事们把你当成敌对的目标。

如果是属于第（6）种情况，就要注意你做事的分寸。升职、加薪、条件改善，甚至领导的一句口头表扬都是同事们想获得的奖励。争夺也就在所难免，虽然大家非常努力地工作，但彼此心照不宣，谁都想获得一种优先奖励权，首先得到领导的信赖和重用，甚至是与同事的关系正常化和亲近化也是大家共同努力（或者说是争夺）的目标。

咨询师处方：“室内”减压

一、压力疏解法

上了一天的班，当你拖着疲惫的身子回到家中时，如果不懂得如何利用有限的时间做有效的放松，日复一日，时间一久就会改变人体的免疫系统，使对抗疾病的免疫能力降低；小至感冒、头痛、肠胃不适，大至产生潜在的致癌因子或是过劳所导致的心脏、脑血管的疾病。由此可知，工作忙碌的现代人，必须适度减压。

如何减压？以下就要告诉你，如何利用周一到周五晚间短短的几个小时做最有效的放松，以便隔天上班充满活力的几个小诀窍。

1. 泡个热水澡

水温约在 37℃ ~ 39℃，可有效放松绷紧的肌肉与神经。

2. 换上宽松的衣物

以棉质为主的家居服，女士也请卸除内衣，可着深色的家居服。

3. 室内灯光以黄色为主

这样的光线不易刺激眼球，较能舒缓眼部的压力，也能缓和室内气氛。

4. 尽量在晚间十一点到凌晨两点入睡

如果你真的有很多公事未完成而必须赶通宵，可以先去睡，直到两点以后再起床。因为十一点到两点是人体经脉运行至肝、胆的时刻。在这段时间若没得到适当的休息，时间久了这两个器官的不健康就会表现在皮肤上，如皮肤粗糙、产生黑斑、青春痘、黑眼圈等。

5. 下班后不要再想公事

不妨将自己头脑净化，只剩一片空白。晚上也尽量做些不需太费脑筋的事，如看看轻松好笑的影片或电视，让自己开怀大笑、好好放松一下。

6. 睡前两小时勿进食过量或喝含有咖啡因的饮料

这些饮料会刺激肠胃，影响睡眠质量。

二、室内减压法

坐在办公室一整天，面对烦琐的公文、呆板的电脑荧屏、老板的指示、工作的目标进度等，让心头压力重得不得了，接下来这套办公室简易放松法，可以帮助你驱除压力，消除疲劳。

1. 调节呼吸

静坐在椅子上，嘴巴微张，以鼻子自然呼吸，放松肌肉。将空气想象成一朵云，在你身体内外穿梭。在放松的过程中，你会感受到呼吸逐渐规律化。

2. 身体放松

头挺直，眼睛张开注视某一特定点，然后身体放松，做五次深呼吸。从五倒数到一，每数一个数字，吸一口气。数到一的时候，闭起眼睛，静待几分钟。

3. 做做运动

双肩往耳朵的方向抬高，维持这个姿势，从一数到四，然后放松肩膀，重复数次。接着，让一边肩膀往下、往前、往后转动，再换另一个肩膀做做看，最后双肩一起来。

4. 喝点饮料

喝一杯酸梅汤或果汁醋，疏通肝气。

除此以外还可以试试做做体力劳动。例如，清扫办公室的地板，整理桌子上的办公用具，给朋友写封信，把你最近的精神状态或者一些不愉快的事告诉你的朋友。当信寄出去的时候，你的心底会有轻松的快感。

三、轻松你的办公室

你了解你的工作空间吗？无论你的答案如何，我们应立刻动手改变我们的工作空间。

现在，让我们坐下来，试着将我们的手臂伸直。书桌的中央位置应该是干干净净、空无一物的，如此才是我们理想的工作空间。不要让文件堆积如山，否则这将是一件令人不愉快的事。

假如我们的空间不足，可以考虑将电话、电脑等搬到书桌右角落的一张小桌子上。如此一来，我们自然拥有较大的空间了。

我们可以在伸手可及的地方放个陈列架。它要有足够的抽屉来存放我们的文件，并根据三个原则来分类：急件、重要文件、需归档或传阅的文件。试着将存放急件的抽屉先处理，然后再处理重要文件。而需归档或传阅的文件最后才处理。

当一份文件到达时，首先决定你将在什么时候处理它。如果你不想马上对它进行处理，那么请把它归档并在你的备忘录上写下准备对它进行处理的时间。而且千万别忘了检查你的备忘录，对应当处理的文件及时进行处理。办公桌上的文件越多，你的工作效率也就越低。你会在搜寻信息中浪费很多时间。

假如空间够的话，放置个大废纸篓，可增加工作的方便性。

除了桌面之外，还要拥有一张人体工学的椅子，能让自己很舒服地办公。最好还有可滑动的轮子，高度可以调整，那是再好不过了。

我们可以将可能需要的所有办公用品，有计划地存放在一个方便且容易拿到的角落。这些办公用品包括笔、订书机、信封等，这些备用品务必准备充分，才不会在处理重要事情时，临时还要停下工作去找所欠缺的文具用品。用完放回原处，不要随手乱扔，否则下次容易找不到。

四、办公室有氧运动

运动是活力的源泉，也是上班族所不可或缺的养生要件。办公室有氧运动，是针对现代忙碌紧张的上班族所设计的。

这些运动简单而有效，非常方便我们利用工作期间的零碎时间来练习，动一动筋骨，迅速消除疲劳，活络气息，增进身体的灵活反应。

以下办公室有氧运动包括解除紧张僵硬的肩膀运动、柔软僵硬的手指运动、活络筋骨的伸展运动。

以下这些办公室有氧运动以“松”为纲领，练习时，我们要将心情尽量放轻松，身体不要拘束，完全放松，来做活力的有氧运动。

1. 解除紧张的肩膀运动

由于我们的紧张或久坐于办公桌前，常会觉得全身僵直，感觉到脖子或肩膀有僵硬现象，这时即可运用以下的几种解除疲劳的方法做肩膀运动。

记住，以下所练习的各种方法，都是以“心”来导引，而不是只有单纯的肌肉或骨的运动而已。以心导引所做的运动，不仅容易达到放松与解除压力的效果，也可避免运动中拉伤或扭伤僵硬的筋骨。

（1）肩膀上下运动。我们先将双手放在肩颈的位置，然后开始以下的练习。肩膀慢慢往上耸起，直到无法再高（其他部位不动），然后再慢慢放下。

（2）双肩扩张运动。双肩慢慢往内含着，肩胛骨跟着慢慢往前扩开来。双肩再慢慢向外扩张开来，肩胛骨随着往后扩开。

（1）、（2）动作可连续、缓慢做三次。

（3）双肩旋转运动。姿势同前，肩膀向前做轮转的动作，肩胛骨亦随着旋转。双肩向上—前—下—后，四个方向连续慢做三次。双肩反方向（上—后—下—前）轮转运动，连续、缓慢运动三次。

（4）立圆甩手。首先轻松站立，姿势采用弓箭步，若甩右手时，则左腿弓步、右腿箭步，将左手置于两腿之间。右手由后—上—前—下做旋转运动，旋转十次后，再做反方向的甩手运动十次。接着再甩左手，要领与右手相同，前、后旋转各做十次。

2. 柔软僵硬的手指运动

经常使用手指工作的上班族，手指经常会不自觉地使用过当。记得工作一段时间，要提醒自己，让僵硬紧张的手指休息一下，手指运动可让血液迅速流至手指的末梢，能使手指更灵活，也刺激我们手指的末梢神经。如果练习时，手指略微感觉湿湿黏黏的，这是排出体内物质的反应。

下面让我们来练习手指的运动。

做柔软僵硬的手指运动时，要注意动作的要领：每个手指放松地缓慢旋转。

首先是大拇指与食指顺时针旋绕，接着是中指、无名指、小指，再是小指、无名指、中指、食指。

拇指与食指相互敲击，接着是中指、无名指、小指。可放在耳旁听听敲击的声音，如果声音很扎实、有力，就是良好的练习。

3. 活络筋骨的伸展运动

练习以下的伸展运动，可以活络筋骨、气脉。

（1）放松站立，双腿与肩同宽，膝盖微弯。右手手指向上顶着左手掌心：双臂贴着耳朵向上伸，练习十次，再换左手手指顶着右手掌心，也练习十次。

练习此动作会有伸展、活络筋骨、长高的效果。

（2）两手可向前放松伸直，想象右、左手中好像有一般往内的牵引力，来增进手指的灵活度与末梢神经的刺激。

从一数至十后，大拇指、食指、中指、无名指、小指，各做往内牵引的动作。另外双手可通过向上举、平伸、下垂等做手指运动。

用爱温暖受惊的心

灾难减压

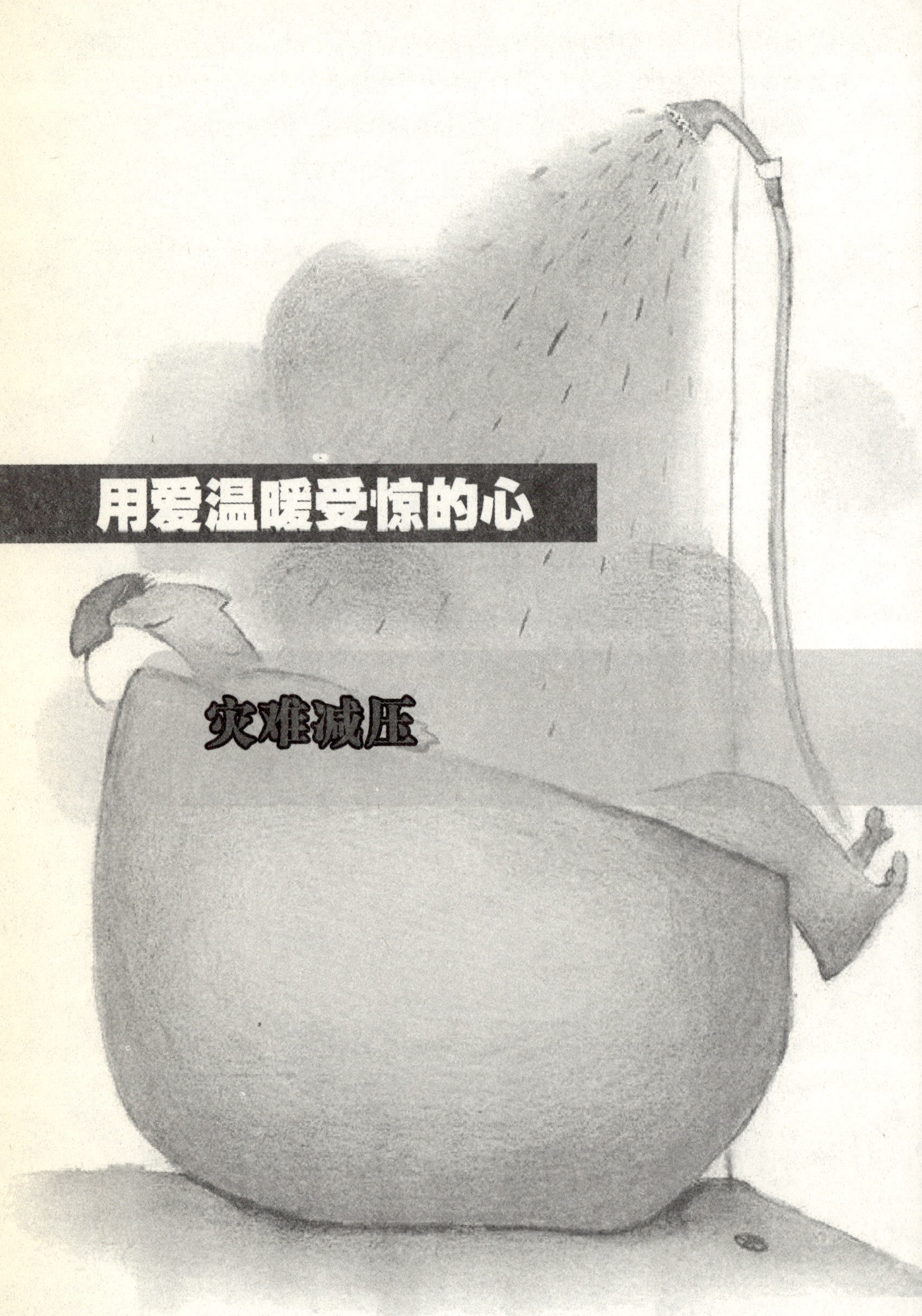

症状自评量表 SCT—90

“症状自评量表 SCT—90”是世界上最著名的心理健康测试量表之一，是当前使用最为广泛的精神障碍和心理疾病门诊检查量表，可以协助你从十个方面来了解自己的心理健康程度。

本测验适用对象为十六岁以上的人。

自测的目的是从感觉、情感、思维、意识、行为直到生活习惯、人际关系、饮食睡眠等多种角度，检测出你是否有某种心理症状及其严重程度如何。它对有心理症状（即有可能处于心理障碍或心理障碍边缘）的人有良好的区分能力。适用于测查某人群中哪些人可能有心理障碍、某人可能有何种心理障碍及其严重程度如何。

这个问卷由 90 个项目组成，请仔细阅读每个题目并完全理解，然后选择最合适你现在情况（最近一周，包括今天）的一项描述。将你所选择的答案用“✓”勾选。

每个题目分为五个档次：没有得 1 分，很轻得 2 分，中等得 3 分，偏重得 4 分，严重得 5 分。

1．头痛。

2．严重神经过敏，心神不定。

3．头脑中有不必要的想法或字句盘旋。

4．头晕或昏倒。

5．对异性的兴趣减退。

6．对旁人责备求全。

7．感到别人能控制你的思想。

8．责怪别人制造麻烦。

9．忘性大。

10．担心自己的衣饰整齐及仪态的端庄。

11．容易烦恼和激动。

12．胸闷。

13．害怕空旷的场所或街道。

14．感到自己精力下降，活动减慢。

15．想结束自己的生命。

16．听到旁人听不到的声音。

17．发抖。

18．感到大多数人都不可信任。

19．胃口不好。

20．容易哭泣。

21．同异性相处时感到害羞不自在。

22．感到受骗、中了圈套或有人想抓你。

23．无缘无故地感觉到害怕。

24．自己不能控制地大发脾气。

25．怕单独出门。

26．经常责怪自己。

27．腰痛。

28．感到难以完成任务。

29．感到孤独。

30．感到苦闷。

31．过分担忧。

32．对事物不感兴趣。

33．感到害怕。

34．你的感情容易受到伤害。

35．感到旁人能知道你的私下想法。

36．感到别人不理解你、不同情你。

37．感到别人对你不友好不喜欢你。

38．做事情必须做得很慢以保证做正确。

39．心跳得厉害。
40．恶心或胃不舒服。
41．感到比不上别人。
42．肌肉酸痛。
43．感到有人在监视你、谈论你。
44．难以入睡。
45．做事必须反复检查。
46．难以作出决定。
47．怕乘电车、公共汽车、地铁或火车。
48．呼吸困难。
49．一阵阵发冷或发热。
50．因为感到害怕而避开某些东西、场合或活动。
51．脑子变空了。
52．身体发麻或刺痛。
53．后来有梗塞感。
54．感到前途没有希望。
55．不能集中注意力。
56．感到身体的某一部分软弱无力。
57．感到紧张或容易紧张。
58．感到手或脚发重。
59．想到死亡的事。
60．吃得太多。
61．当别人看着你或谈论你时感到不自在。
62．有一些属于你自己的看法。
63．有想打人或伤害他人的冲动。
64．醒得太早。
65．必须反复洗手、点数目或触摸某些东西。
66．睡得不稳不深。
67．有想摔坏或破坏东西的冲动。
68．有一些别人没有的想法或念头。

69．感到对别人神经过敏。

70．在商场或电影院等人多的地方感到不自在。

71．感到做任何事情都很困难。

72．一阵阵恐惧或惊恐。

73．感到在公共场合吃东西很不舒服。

74．经常与人争论。

75．单独一个人时神经很紧张。

76．别人对你的成绩没有作出恰当的评论。

77．即使和别人在一起也感到孤独。

78．感到坐立不安、心神不定。

79．感到自己没有什么价值。

80．感到熟悉的东西变陌生或不像真的。

81．大叫或摔东西。

82．害怕会在公共场合昏倒。

83．感到别人想占你便宜。

84．为一些有关“性”的想法而苦恼。

85．你认为应该因为自己的过错而受惩罚。

86．感到要赶快把事情做完。

87．感到自己的身体有严重问题。

88．从未感到和其他人亲近。

89．感到自己有罪。

90．感到自己的脑子有毛病。

评分标准：

1. 总分

（1）总分是 90 个项目所得分之和，能反映测试者病情严重程度。

（2）总症状指数，也称总均分，是将总分除以 90（总分 ÷90），表示从总体情况看，测试者的自我感觉位于 1 ～ 5 分间的哪种程度。

（3）阳性项目数是指单项分≥ 2 的项目数，表示测试者在多少项目上呈现有“症状”。

（4）阳性症状均分是指总分减去阳性项目总分，再除以阳性项目数，表示测试者在“有症状”项目中的平均得分，反映测试者自我感觉不佳的项目，其严重程度究竟介于哪个范围。

2. 因子分

SCT—90包括9个因子，每一个因子反映出病人的某方面症状痛苦情况，通过因子分可了解症状分布特点。

因子分＝组成某一因子的各项总分 ÷ 组成某一因子的项目数

9个因子含义及所包含项目如下。

（1）躯体化：包括1、4、12、27、40、42、48、49、52、53、56、58共12项。该因子主要反映身体不适感，包括心血管、胃肠道、呼吸和其他系统的主诉不适，和头痛、背痛、肌肉酸痛，以及焦虑的其他躯体表现。

（2）强迫症状：包括3、9、10、28、38、45、46、51、55、65共10项。主要指那些明知没有必要，但又无法摆脱的无意义的思想、冲动和行为，还有一些比较一般的认知障碍的行为征象也在这一因子中反映。

（3）人际关系敏感：包括6、21、34、36、37、41、61、69、73共9项。主要指某些个人不自在与自卑感，特别是与其他人相比较时更加突出。在人际交往中的自卑感、心神不安、明显不自在，以及人际交流中的自我意识、消极的期待亦是这方面症状的典型原因。

（4）抑郁：包括5、14、15、20、22、26、29、30、31、32、54、71、79共13项。以苦闷的情感与心境为代表性症状，还以生活兴趣的减退、动力缺乏、活力丧失等为特征。还反映失望、悲观，以及与抑郁相联系的认知和躯体方面的感受，另外，还包括有关死亡的思想和自杀观念。

（5）焦虑：包括2、17、23、33、39、57、72、78、80、86共10项。一般指那些烦躁、坐立不安、神经过敏、紧张，以及由此产生的躯体征象，如震颤等。测定游离不定的焦虑及惊恐发作是本因子的主要内容，还包括一项躯体感受的项目。

（6）敌对：包括11、24、63、67、74、81共6项。主要从三方面来反映敌对的表现：思想、感情及行为。其项目包括厌烦的感觉、摔物、争论直到不可控制的脾气暴发等各方面。

（7）恐怖：包括13、25、47、50、70、75、82共7项。恐惧的对象包括出门旅行、空旷场地、人群或公共场所和交通工具。此外，还有反映社交恐怖的一些项目。

（8）偏执：包括8、18、43、68、76、83共6项。本因子是围绕偏执性思维的基本特征而制订，主要指投射性思维：敌对、猜疑、关系观念、妄想、被动体验和夸大等。

（9）精神病性：包括7、16、35、62、77、84、85、87、88、90共10项。反映各式各样的急性症状和行为，限定不严的精神病性过程的指征。此外，也可以反映精神病性行为的继发征兆和分裂性生活方式的指征。

此外还有19、44、59、60、64、66、89共7个项目未归入任何因子，反映睡眠及饮食情况，分析时将这7项作为附加项目或其他，作为第10个因子来处理，以便使各因子分之和等于总分。

各因子的因子分的计算方法是：各因子所有项目的分数之和除以因子项目数。例如，强迫症状因子各项目的分数之和假设为30，共有10个项目，所以因子分为3。在1～5评分制中，粗略简单的判断方法是看因子分是否超过3分，若超过3分，即表明该因子的症状已达到中等以上严重程度。

急性应激障碍就是在剧烈的、异乎寻常的精神刺激、生活事件或持续困境的作用下引发的精神障碍。在日常生活中，很多人都会遇到某些应激源的作用。对于较为严重的精神创伤，在心理学和精神科的分类中被称为“创伤后应激障碍”。

得分分析：

人们常常根据创伤事件的严重程度来判断精神创伤的严重程度，认为如果一个人遇到了严重可怕的灾难事件，那么他一定受到了严重的精神创伤，相反，如果创伤事件不很严重（如失恋或职场挫折等），就会认为这个人的精神所受到的伤害不会很严重。其实这种看法是非常错误的。对一个内心坚强的人来说，非常严重的创伤事件也可能并不引起严重的精神创伤，相反，对一个心理比较脆弱的人来说，一般人认为并不很严重的事件也足以引发严重的精神创伤。所以我们判断一个人的精神创伤的严重程度并不根据创伤事件的严重程度，而是根据当事人的心理、情绪和生理的反应程度。

轻度的精神创伤可能表现为情绪低落、郁郁寡欢、伤心落泪、生活动力下降、不愿和人交往、对生活缺乏兴趣，等等。这种情况在我们的生活中较为常见，甚至严格地讲，每一个人在自己的一生中都要多次经历到。这种情况通常通过亲人和朋友的安慰和支持，自我的调节，经过一段时间的调整，就可以自我痊愈，而不需要专业的治疗。但是如果上述状态持续超过三个月以上，就应该考虑寻求专业人士的帮助了。治疗可以通过药物，但也可以通过非药物的心理咨询或心理治疗。

中度的精神创伤可能表现为长时间的情绪低落、悲观厌世、社会性孤独自闭，或严重的睡眠障碍、焦虑紧张、恐惧胆小，甚至出现自杀倾向。这时候常常会被误诊为抑郁症、神经衰弱、焦虑症或恐惧症。经过服用抗抑郁药物、抗焦虑药物后效果并不佳。因此需要特殊的、专门针对精神创伤的治疗方法进行治疗才会奏效。治疗主要依靠非药物的心理治疗，药物治疗只能起到辅助的作用。

严重的精神创伤也被称为PTSD（创伤后应激障碍），它除了上述症状之外，还具有典型的症状，如伤害事件的记忆或画面不断地出现在梦境中，或即使在清醒状态中也不断地在脑海中重现，因而使受害者经常处于惊恐和痛苦之中不能自拔，好像创伤事件就发生在刚才。这种现象被称为“闪回”。另外，生活中的很多正常的场景可能成为诱发创伤记忆的“扳机点”，唤醒对创伤事件的回忆和体验，从而造成强烈的情绪和生理反应。更为严重的精神创伤，特别是童年期创伤还可能造成严重的人格扭曲、心理变态。对于这种情况，必须经过系统严格的精神创伤治疗方可治愈或得到改善。

遗憾的是我国目前真正受到系统严格的精神创伤治疗师并不多，所以大量精神创伤的受害者都是被作为普通的抑郁症、神经衰弱，或者神经症进行治疗的，其疗效非常有限。

为了凸显灾难强烈的冲击性，本书特地将灾难从所属的“创伤后应激障碍”中剥离出来，意在引起人们的强烈关注。

减轻灾难压力

一、灾难总是突如其来

各种灾害时时在威胁着人类安全，危害着人民的生命财产，带给人类伤痛。面对现实，我们必须重新认识过去的观念。经济全球化，给和平发展带来了新的气息，以往威胁人类安全的战争等主要因素正在削弱，恰恰是自然灾害、公共卫生事件、交通事故等灾难对人类的威胁却在持续上升。

这些灾难，虽有蛛丝马迹，但缺少可资掌握的规律。它像变异的病毒，经常改头换面来实施罪恶的破坏，让我们防不胜防。

而我们人类正是在同自然灾害、其他灾难的持续斗争中成长壮大、坚强起来的；斗争使我们睿智，使我们更加理性。我们应树立信心，战胜自然灾害，战胜灾难连带产生的心理伤害。

如果说历史上的自然灾害完全是自然界物质运动的结果，那么，进入现代社会以后，由于人类活动的升级与范围的扩展，许多自然灾害客观上打上了人为的烙印。所以，我们应从心理的角度开始，改变旧有的认知，人类要对加剧于自然的破坏予以纠正，为人类的生命财产的安全创造适宜的环境。

斗争也使我们越来越坚韧和顽强，不管它不请自来，还是如期而至，都不能摧毁我们的意志。我们应学会接受，在磨难中冷静，处变不惊，迎难而上，出奇制胜。

二、记起是为了防范

中国，经历过许多的灾难，今天我们记起它，仍然心有余悸。

1. 空难

1988 年 1 月 18 日中国西南航空公司伊尔—18—222 号飞机执行北京—重庆航班任务时在重庆机场附近坠毁，108 人遇难。

1992 年 7 月 31 日中国通用航空公司由南京飞往厦门的 GP7552 航班 2755 号雅克—42 型飞机起飞滑跑途中冲出跑道，在距机场约 600 米处失事。107 人死亡，19 人受伤。

1992 年 11 月 24 日中国南方航空公司波音 737—2523 号飞机执行 3943 号广州—桂林的航班任务，在广西阳朔县杨堤乡土岭村后山粉碎性解体，141 人遇难。

1993 年 7 月 23 日中国西北航空公司 BAe146 型 2716 号飞机执行银川—北京航班任务，在银川机场起飞时冲入水塘，54 人遇难，机组 3 人受伤。

1994 年 6 月 6 日中国西北航空公司图—154 型 2610 号飞机，执行西安—广州 2303 号航班任务，在陕西省长安县鸣犊镇坠毁，160 人遇难。

2004 年 11 月 21 日 8 时 21 分，由内蒙古自治区包头市飞往上海市的 MU5210 航班，在起飞后不久坠入机场附近南海公园的湖里。包括 47 名乘客、6 名机组人员在内的机上 53 人全部罹难，同时遇难的还有一名地面公园工作人员。

2. 矿难

2002 年 5 月 4 日 山西运城煤矿事故，死亡 83 人。

2002 年 6 月 20 日 鸡西煤矿发生爆炸，死亡 124 人。

2003 年 5 月 13 日 安徽芦岭煤矿发生爆炸，死亡 86 人。

2004 年 11 月 28 日 陕西铜川发生特大矿难，死亡 166 人。

2005 年 2 月 14 日 辽宁孙家湾煤矿发生矿难，死亡 214 人。

2005年8月7日广东省梅州市兴宁市大兴煤矿发生透水事故，123名工人被困井下死亡。

2006年12月5日23时15分，位于洪洞县左木乡红光村瑞之源煤业公司的新窑煤矿发生爆炸，死亡96人。

2007年7月28日20时至29日8时，河南省三门峡市突降暴雨，降雨量达115.2毫米。7月29日8时30分左右，河南陕县支建煤矿东风井，因河床水通过采空区涌入井下，导致井下两条水平巷道和两条倾斜巷道被淹没，69人被困。温家宝总理两度批示要求全力救援矿工。8月1日12时53分，随着最后一名矿工安全升井，69名矿工在井下被困75个多小时后全部生还。

3. 重大交通事故

1999年11月24日，“大舜”号轮船在山东烟台附近海域沉没。

2008年4月28日，胶济铁路列车相撞事故造成72人死亡，416人受伤。

4. 地震

1969年7月18日渤海湾地震（7.4级）。

1966年3月8日至29日河北邢台地震（7.2级），死亡8 000余人。

1976年7月28日河北唐山地震（7.8级），死亡24万人。

1999年9月21日台湾花莲西南地震（7.6级），死亡2 300百余人。

2001年11月14日青海昆仑山地震（8.1级）。

2008年5月12日四川汶川地震（8.0级），死亡6万余人。

5. 公共卫生事件

“非典”一度打乱了我们平静的生活，它给我们的健康乃至生命造成严重威胁，也造成了直接和间接的经济损失，而给人们造成的无尽的恐慌更加剧了经济损失，甚至引起社会治安混乱。爆发在全世界三十多个国家的“非典”疫情，不仅给人民健康带来了极大的威胁和伤害，而且由此病所造成的直接和间接经济损失难以估量。另有禽流感的蔓延，也给我们留下深刻记忆。

我们回忆这些灾难，绝不是舔舐曾经的伤痛，更不是在伤口上撒盐。

我们记起，是要记住灾难中彰显的人性。也许大家已经淡忘了，1999年11月24日，“大舜”号轮船在山东烟台附近海域沉没的那些感人的事实：一位遇难者在即将倾覆的轮船上，用手机和他的妻子告别，妻子在电话那端不断用温言暖语鼓励他，使他保持冷静游向橡皮艇而终被获救；海难的一位幸存者，一位女士，是几位男士在生死关头，义无反顾地把生的希望留给了她。同样的情景在汶川地震灾难中比比皆是。五十二岁的女教师用自己柔弱的身躯为两名幼儿护卫了生命；尊敬的老师们把学生推进生的光明，自己却永远地留在了学生的缅怀里；九岁的孩子竟然两次进入坍塌的教室营救同学；十一岁的哥哥背起三岁的妹妹，徒步百里；可爱的女民警用奶水给那些离散的婴儿安慰；普通的妇女为孤儿们建起临时的家园，供给衣食……人性的光辉透过地震灾害的阴霾，照耀出伟大的品质，为悲壮、急迫的气息里输入了团结互助、坚忍顽强的元素，为推进抗灾工作的前行增添了人性的光辉。

我们记起，是要让人们认识，任何情况下，希望之灯应熊熊燃起，即便身临绝境，也能绝处逢生。谁也不能忘却，69名矿工在井下被困七十五个多小时后全部生还，凭借的是坚强的意志，得到的是党和人民的关心和及时的抢救；还有汶川地震中，那坚持一百多个小时以上的幸存者，除了自身的坚韧，就是人民的爱心、党的力量支撑着他们的脊梁，因为他们心里充满光明的希望！

我们记起，是让人们看到灾难带给人们悲伤的同时，也深刻地体味到危难中人间的亲情，以及人与人之间互相帮助、互相鼓励的美好情怀。活着，多么好。人若在，梦就在。大家携手奋进，就能战胜一切灾害。

尽管灾难的后果严重而且影响深远，只要中华民族的脊梁还坚挺，只要我们的爱还在，一切都会好起来的。

灾难，可以毁坏我们的家园，但毁坏不了我们的精神领地；灾难可以伤害我们的身体，但伤害不了我们的品质。灾难，会使我们民族更好地凝聚，会使我们的人民更加坚强；灾难，使我们的精神更加振奋，使我们变得冷静和理性；灾难，让高尚更明亮，使卑鄙更可耻，冷漠、自私、功利统统地遭受着痛斥。

我们的民族在灾难中团结，我们走向繁荣昌盛的信念在灾难后更是高举。我们不能再为那些琐事斤斤计较，我们要理解和宽容，学会在摩擦后的沟通，开阔胸怀。

慈悲与爱将成为我们的共同语言。灾难后，哪怕是一些真诚的关注，也是一种信心与爱。我们可以努力地工作和学习，用我们的热情去强大我们的国家；我们可以去监督和关注我们的政府，让它成为一个具有服务意识和责任感的机构；我们可以彼此用微笑面对，用有力的双手彼此搀扶；我们也可以少一些冷漠和自私，多一些宽容和责任。

灾难只是暂时的，防范灾难才是我们的目的，吸取灾难留下的教益，我们会更加理智。过去，我们缺少科学态度，防灾意识淡然，人文关怀欠缺，特别是精神关爱曾有所忽视。汶川大地震渗透进心理减灾的宝贵经验告诉我们，对心理问题绝对不能大意，我们应该借助科学的手段，排解灾难带来的压力。

三、心理伤害比灾难更持久

灾难在造成巨大的物质和生命及健康损失的同时，给人类造成了严重的心理伤害，具有很大的负面影响。这种伤害不仅表现在亲历灾难的幸存者和灾区人民，以及他们的亲属身上，而且对关注灾难的人们也会造成一定的心理伤害。

例如，汶川地震使许多人在短期时间内经历了紧张、恐惧、焦虑、无助等情绪反应，心理的伤害也显而易见。

1. 害怕

很担心地震会再发生；

害怕自己或亲人会受到伤害；

害怕只剩下自己一个人；

害怕自己崩溃或无法控制自己。

2. 无助

觉得人们是多么脆弱，不堪一击；
不知道将来该怎么办，感觉前途茫茫。

3. 悲伤、罪恶

为亲人或其他人的死伤感到很难过、很悲痛；
觉得没有人可以帮助；
恨自己没有能力救出那些遇难的人；
因为比别人幸运而感觉罪恶。

4. 愤怒

救灾的动作怎么那么慢；
别人根本不知道我的需要。

5. 重复回忆

一直想着地震发生时的场景，心里觉得很空虚；
无法想别的事。

专家称灾难后有三种情况易患“心理疾病”。一是过去患有某种病，治好了，灾难致使精神紧张、心情恐惧而诱发；二是年迈体弱，各种生理机能衰退，灾难导致精神紧张、心情恐惧，诱发了头晕、头疼、心脏病等；三是纯粹因灾难造成精神紧张、心情恐惧，产生条件反射，心情烦躁。如汶川地震后的大多数学生的状况就属于这种状况。

中国心理健康协会的肖水源教授认为：“灾难会在人身上造成严重心理创伤，如果不及时治疗，会折磨一生，改变病人的性格，甚至导致极端行为，如自杀和暴力。”在洪灾、台风、地震或空难事故发生之后，由于受害人各自的性格特征、以往经历、创伤史，以及整个人的精神健康状况的差异，人们的应激反应症状可能各自有别。但有一点是共同的：都深受其害，有的甚至几年或数十年饱受创伤之苦。

（1）南京大屠杀已经过去了七十年，但幸存者的精神创伤依旧存在。

出现这种状况，主要因为，过去我们不懂心理问题的重要意义，幸存者的精神创伤一直没有引起人们的足够关注。

1937年12月13日，十一岁的张玉英同父亲行至湖南路路口，父亲被日军当街刺死。后来，她被收容。对于失去父亲的张玉英而言，收养人华小姐无疑成了她的亲人。到了晚年，她日益思念华小姐，最终精神完全分裂，生活不能自理，直到2003年去世。

1925年出生的杜秀英，性格内向，很少讲话。她在十二岁时遭到日军强奸——导致她长大后三次嫁人均因不能生育而离婚……

杜秀英老人，在她讲述了她的大屠杀经历之后，再三叮嘱千万不要给她拍照，因为她担心日本人会来报复她。她已经成为典型的神经质患者。

（2）唐山大地震造成的心理创伤对受害者产生了持久性应激效应，长期影响了他们的身心健康。

震后余生的人出现了一些创伤后应激性障碍，他们中患抑郁症、焦虑症、恐惧症的比例高于正常的数据，有的高于正常值三到五倍。很多人失眠多梦、情绪不稳定、紧张焦虑，每到7月28日便会触景伤情等，那些经历了地震创伤的人群患高血压和脑血管疾病的比例也高于正常人群。

（3）矿难的幸存者难以过正常人的生活。

内蒙古包头市壕赖沟铁矿发生透水事故中，宁夏泾源籍矿工郝贵升、兰金福、买志辉、冶德成、李福升在这起事故中幸免于难……

当年4月9日，原来报道过矿难的记者去泾源县回访五位幸存者，发现他们的身心状况比起矿难前显得很不佳。

郝贵升原来干重活，而现在妻子扶犁吆牛，他只能顺着犁沟下种。角色互换了。

记者向郝贵升了解劫后余生的生活状态，他很沮丧地说“大不如以前了”，便无力地垂头不语。倒是他的妻子更活泛些：“干啥都不如以前了……我宁可累死累活给娃们挣个念书钱，也不让他出去打工。”

记者见到了李福升时，他正在努力试图把一袋土豆抱起，但试了几次未遂，最后只好颓丧地请人帮忙。他原先也很机敏，驾驶货车的技术也特棒，但矿难后，他经常发呆，注意力不集中，因为怕出事，没人愿意聘他当司机。他觉得自己的生存能力被削弱了，担心这样的身体状况会给他找对象带来不良影响。

体乏无力、腰腿风湿病等是矿难给幸存者留下的共同肉体病害，梦中经常出现的矿难恐怖情景让他们的心灵至今无法走出阴影。

买志辉是和姐夫一块下井，透水事故发生后，在向工作平台跑时，姐夫被泥浆滑倒，只扑腾了几下就不见了。三个月过去后，他只要一闭眼睛，就是姐夫在水面上晃动的双手，他想去抓怎么也抓不到。每当看见年轻的姐姐和年幼的外甥时，他很愧疚，心里像长了草似的。

李福升睡梦里老是出现汹涌的泥浆追着他跑，泥浆淹没了身体，淹到了脖子，他已经喘不过气了，醒来时才发现是一个梦魇；郝贵升得了健忘症，把东西放到哪儿老是想不起来，以前发生的很多事情已经记不得了，见了熟人，看着面熟但很难说上名字。

全国政协委员、宁夏医学院附属医院副院长戴秀英认为，泾源县五位幸存者及遇难者家属目前的症状属于重症心理危机。“当一个人经常暴露在负性事件面前时，他的心里同样悲痛，精神同样痛苦，如不进行心理辅导，他们将在很长一段时间内承受心理伤害。”

所以我们不能忽视灾难、低估灾难的心理危害的持久性。

四、谨防好心办错事

灾难发生后，人们会给予密切关注。一方面体现了人文关怀，表达了宝贵的精神声援；另一方面由于热情有余，心理知识的不足，往往好心办成坏事，不知不觉中造成伤害。

例如，汶川大地震发生后，新闻媒体、心理援助志愿者，在对灾民的热心关注中，出现了不同程度的偏差，因此，心理专家紧急提醒：灾后援助应避免无心造成的心理二次伤害！

1. 媒体出现顾此失彼的情况

有的记者职业敏感性很强，敬业精神可嘉。为了挖到“有价值”的独家新闻可谓费尽九牛二虎之力，事件刚发生，就独家采访灾难的幸存者，请他们谈亲身经历和见闻……从新闻的角度说，确实“新”、“尖”、“独到”，但以心理的视角看，有些不妥，因为幸存者还没有完全从强烈的震撼中走出来，要他们再去回顾那恐怖的一幕，等于让他们重新经历一次惊恐万状的苦难体验。有的媒体原本想表达援助、爱心的主题，灾难发生几天后把幸存者请到演播室或其他公开场合，请他们谈经过、说今后，在幸存者泣不成声的情况下，画面也不切换，使他们的苦痛又添一分。更有那些非新闻工作者，为了所谓的真实，把在现场私自拍摄到的照片发到网上。那是怎样的图片呢？灾难中人员受伤的实况，如“断腿”、“死尸”等惨不忍睹的画面在泛滥。这不仅是对当事人的不尊重、伤害，也是对关注灾难人员的伤害。因为，那是在制造恐怖，传播负性情绪。

2. 心理援助者也有失误之处

汶川大地震发生后，到灾难现场进行心理援助的除了心理学专家，还有很多心理学专业的学生和社会志愿者，其中的一些志愿者缺少实践经验，尤其缺乏突发性灾害心理干预方面的经验，因而在援助中使用了不当技术。

灾难过后早期的心理援助能起到缓解压力、疏泄情绪、危机干预的作用。但干预必须注意被援者的心理特点。

(1)不能暗示对方有心理问题。受灾后大部分人会排斥自己有心理疾病，在谈话中援助者应尽量避免使用让对方感到自己心理有病的暗示词语，以及与治疗、心理疾病、精神医学、精神疾病相关的词语等；心理援助的谈话支持宜渐进引入，避免援助者主动谈及当事者家人生死和直接询问心理伤痛。

(2) 不要表现出拯救者的姿态。与幸存者深度共情，避免说空话，避免说幸存者反感的话，如“你一定要坚强些”、“你很幸运因为你还活着”。也不能让他们感觉到是在受可怜，他们不希望廉价的同情和施舍。不要勉强自己和他人去遗忘痛苦，不能告诉他们说：“要把这件事忘掉。”伤痛会停留一段时间，是正常的现象，更好的方式是我们要与他们和他们的亲友一起去分担痛苦。

（3）不能阻止受援者发泄情绪。当受援助者哭诉时要肯定其正常的感受和反应，不要阻止哭诉：“别哭了，我们不要难过了。”如此阻止他们情感表达不好。事实上，引导他们说出自己的痛苦，是帮助他们减轻痛苦压力的重要途径之一。

（4）不要对受援者作出失望的反应。对受援助者在应激状态下出现的丧失理智的行为，应谅解，给予耐心陪伴，适当劝解其面对现实；对有的患者出现不堪忍受、拒绝合作的行为，应有高度的同情心，体贴宽慰。

（5）不要让坏情绪传染。为防止悲恸情绪的传染和强化，对于丧亲的幸存者不宜进行团体心理治疗。

（6）不能拒绝部分幸存者自我释放压力。幸存者中的少数人，因为意志坚强，加之受伤轻微，在专业人员的指导下，是能够进行自我释放压力的。比如找朋友和亲人倾诉、写日记宣泄、做一些放松练习、做平时喜欢的事，等等。

在他们接受指导时，作为心理援助人员，可以对他们说：

你现在可能遇到一些情绪反应，有些是正常反应，你有这样的感觉是可以理解的。我想告诉你的是，事情肯定会变好，你也可以变得更好。目前你也许会出现一些症状，如担心地震再发生，害怕自己和亲人会再次受到伤害，害怕只剩下自己一个人，害怕自己崩溃或无法控制，感觉人的生命脆弱，有时候免不了会埋怨上天对自己的不公平。有时心里觉得空虚，无法想别的事。不断地期待奇迹出现，却又一次次失望。这种不舒服会伴随着很多身体症状，比如疲倦、失眠、做噩梦、心神不宁、记忆力减退、注意力不集中、晕眩、头晕眼花、发抖或抽筋、呼吸困难、喉咙及胸部感觉梗塞、恶心、肌肉疼痛、子宫痉挛、月经失调、心跳突然加快、反胃、拉肚子等等。这些都是大灾之后的心理问题在生理上的一些反应，不要着急。如果有了上述的情况，我们可以作以下的一些调整和尝试。

（1）不要因为不好意思或忌讳，而逃避和回避和别人谈论这件事，要让别人有机会了解自己的情绪和想法。

（2）不要勉强自己去遗忘，伤痛会停留一段时间，是正常的现象。

(3) 你也别忘了，你的家人和你都有相同的感受和经历，要试着和他们先谈谈。

(4) 如果可能的话，一定要保证充足的睡眠和休息，与家人和朋友在一起。

(5) 如果有任何需要，一定要向亲友和相关单位表达。

你已经挺过了最困难的时刻，在你的康复过程中可能会遇到一些情况，你不要着急，最便捷的方式是要把自己的感受和身边的人交流，和专业的心理服务人员联系……

3. 过度关注也可能产生心理创伤

我们还应该警惕过于关注灾难的人们也产生心理疾患。例如，汶川特大地震发生后，几乎每个人都在看新闻，用尽可能多的时间关注救灾。看得多了，也会有心理上的影响，出现替代性心理创伤。例如，× × 地区的一个老人，在 1999 年“921”地震发生后，几乎每天二十四小时都在收看地震灾害报道，结果吃不下饭，睡不着觉，哭泣，整个生活受到影响，最后因为抑郁不得不去医院治疗。汶川大地震牵动着全国人民的心，很多人一有时间就上网看灾害信息，没有办法集中注意力工作。看的时候就很伤心很难过，负面情绪非常多，不看又忍不住。出现这样的情况说明心理已经出现了一定的问题，必须谨防坏情绪进一步渗透，压力逐渐加剧。

五、用关爱温暖受伤的心

灾难发生后，我们要及时伸出援手，除了给予物质援助之外，还要真诚地给予心理关爱，用我们的关爱，去抚慰他们受伤的心，用我们的真诚，去辅助他们脆弱的心。

1. 安慰幸存者

当灾难刚刚发生时，在努力去理解和感受灾难幸存者的基础上要说：

对于你所经历的痛苦和危险，我感到很难过；

你现在安全了（如果这个人确实是安全的）；

这不是你的错；

你的反应是遇到不寻常的事件时的正常反应；

你有这样的感觉是很正常的，是每个有类似经历的人都可能会有的；

看到／听到／感受到／闻到这些一定很令人难过／痛苦；

你现在的反应是正常的，你不会发疯的；

事情不会一直是这样的，它会好起来的，而你也会好起来的；

你现在不应该去克制自己的情感，哭泣、愤怒、憎恨、想报复等都可以，你要表达出来。

不要说：

我知道你的感觉是什么；

你能活下来就是幸运的了；

你能抢出些东西算是幸运的了；

你是幸运的，你还有孩子（亲属）；

你爱的人在死的时候并没有受太多痛苦；

他现在去了一个更好的地方，更快乐了；

在悲剧之外会有好事发生的；

你会走出来的；

不会有事的，所有的事都不会有问题的；

你不应该有这种感觉；

你的生活要继续过下去。

2. 抚慰受创心灵

美国灾难心理学专家——美国科罗拉多大学灾难心理学专家吉尔伯特·瑞耶斯，就如何应对大规模的自然灾难所引起的心理创伤提供了一些经验和教训。

吉尔伯特·瑞耶斯指出，受灾人群的心情往往比较复杂——逃生的侥幸、失去亲人和家园的痛楚、满目疮痍的烦躁和难以帮助他人的无力感。这种在大型自然灾害中的复杂情绪，不同于小范围偶发事故。譬如，车祸之后，家人和朋友都会帮助你。但8级地震这种大规模的、群体式的受灾，周围的人自顾不暇，很难给予个人充分关注。

遇到这样大的自然灾难，人们会有强烈的不安全感。他们觉得没有人可以保护自己。在一场战争中，人们还可以指望军队；但地震发生，破坏性力量来自地球内部——不可测、不可制止、有重发的可能。这种反常现象的强烈发作，完全推翻了人们在家庭和学校中受到的“可预见性”教育。譬如，如果努力争取，就会实现梦想。

可预测性和常规逻辑给人们的日常生活提供了某种安全感和自信心。你知道哪些是属于你的，你也知道你属于某个家庭、某种文化。但是，当大型自然灾害发生时，特例一下子推翻了前因后果的假设——无论你多么努力、多么坚强、多么善良，你都可能受害，在自然灾害面前，你都是脆弱的。

经历这种灾难会改变孩子的天性。通常，孩子们是最需要保护却最不希望被保护的群体，他们喜欢自由和自保。但是，当地震发生的时候，即他们最需要保护的时候，父母却无法保护他们，或者父母恰恰不在身边。孩子们不知道地震什么时候会停，不知道是否还会发生，他们会有强烈的不安全感。震后，这些地震余生的孩子往往比其他同龄人具有更强的寻求保护的欲望。如果这种需求不能得到满足，他们在心理上可能会永远处在灾难的特例环境中。

灾害往往也会给人们的心理带来长期的负面影响。一般，影响程度视灾害的严重程度和个人损失程度而定。四川地震这样的特大自然灾害中可能会给大约30%的受灾群体留下长期的心理阴影。不仅一些景象让人难以忘怀，现场的尸臭和哭声也会给人们留下难以磨灭的嗅觉记忆和声响记忆。

爱心人士在心理援助时要注意如下事项。

“人们习惯对幸存者说‘你是幸运的’，但实际上，他们并非真的幸运。”瑞耶斯说，“他们虽然保住了性命，但是，他们可能永远都要坐在轮椅上、可能丧失了亲人和朋友、可能失去了住所，而可预见的未来也与过去他们所熟悉的生活环境和生活方式大相径庭。对他们来说，现实是残酷的。‘你很幸运’的安慰更像是强加给他们的一个意识，他们内心并不这么想。”

瑞耶斯给受害者的亲友的建议是：给予鼓舞，但不要告诉他们“应该”怎么想，不要说“你应该快乐”、“你应该感到幸运”、“你应该有安全感”、“将来会更好”之类的话，而应当听受灾者自然倾诉他们的感受。鼓励他们提问和质疑。不要指责他们说的话是“傻话”、提的问题是“鲁莽”的问题。让谈话更加开放。保护受害者，让他们有安全感，但也要适度。倘若保护过度，反而会向受害者传递“不安全”的信号。

此外，整个社会需要了解，大多数帮助都发生在受害者仍然处于被惊吓的时候。他们还在颤动，意识还没有恢复。而等到他们意识到灾难和损失，援助者已经离开去拯救其他人了，他们会有被遗忘感。美国就有这方面的教训。卡特里娜飓风发生后，举国关注，很多志愿者赶赴灾区；但几个月后，重建真正展开，灾区人民觉得困难重重的时候，援助人员反而逐渐离开。研究发现，灾区的上千名小孩都在心理和情感上出现这样那样的问题，与其他同龄人比，他们更容易恐惧和愤怒，认为拥有的东西会随时丧失。此外，在灾情发生的时候，各国政府或援助组织往往作出很多承诺，譬如，“一定会有人帮助你们”、“一切都会更好”，而事实证明，期望值越高，日后失望和怨恨的可能性也越大。

人们还应该认识到，灾后援助，实际上是人与人的一种“关系”——不仅需要有人愿意提供帮助，也需要受害者愿意接受帮助。不少灾民愿意接受物质上的帮助——譬如饮用水、食物、住所——却不愿意接受更深层次的、精神上的帮助。这主要是因为他们的疑虑，他们不想被看做是“脆弱的”、不想让自己产生“羞耻感”。这种“羞耻感”来自自己的处境，也来自于自己灾害前后的反应——譬如，在紧要关头只顾自己逃命却没有救助别人——所以，安慰者一定要注意，不要追问，不要伤害对方的自尊。

对于孩子，比较有效的帮助方法是，让他们感到一切逐渐恢复到从前，让他们感到，他们又可以唱歌、玩耍、唧唧喳喳地闹腾。切勿板起面孔，要求他们“保持严肃”。

考虑到地震灾民是个很大的群体，而且大多处于偏远的乡镇。请心理医生做一对一的心理治疗不仅是不切实际的，比较切实可行的方式是，帮助灾民结成“互助组织”。在一个群体中，总有一部分人更坚强、更开通、更明智，他们战胜恐惧、开始新生活的心路历程也更有说服力。此外，政府和医疗相关的非政府组织可以邀请心理专家，在某个社区开展心理讲座和咨询。学校应当有意识地增加一些心理辅导课程，在教授他们科学和人文知识的时候，也帮助他们理解地震这种自然灾害，告诉他们，应该如何学着缝合内心的创伤。这些都是可以教的。

美国的一个经验是，赈灾过程中，政府机构和企业往往会请心理学家教授援助过程中的注意事项。“911”恐怖主义袭击之后，纽约不少企业都停工了一段时间。一些雇主意识到，当前人心涣散，很多员工对灾难的一幕难以忘怀，根本没有办法投入工作，因此，他们在开工前聘请心理学家为员工们进行心理调适。

3. 把握交谈尺度

虽然要用真情温暖受难的心灵，但也需要掌握一定的技巧，防止由于做法不得当给他们带来二次伤害。在交谈中，要特别注意以下这些情况。

（1）不应该说的话：

时间能治愈一切；

在这种情况下应该想开点儿；

你深爱的人可以安息了；

上天不会再给我们难以承受的打击了；

别哭了；

我了解你的感受；

一切都会好起来的；

如果需要我做什么，请告诉我。

（2）应该说的话：

你一定会感到这痛苦永远无法忘记；

这真是难以承受的痛苦；

你深爱的人不再痛苦，但我知道你在遭受痛苦；

这对你来说一定很难面对；

哭吧，你尽情地哭吧；

我无法想象你此刻的感受，我只想让你知道我是多么在乎；

请允许我做任何对你有帮助的事情；

告诉我你的电话，我会给你打电话，看能帮你什么忙。

（3）用心倾听他的心声：

找个时间、地点，让他能安全、自在地表达出震灾后的内心感觉；

借着目光的注视与恰当的姿势、动作，表达出你愿意接纳他，听他说话的态度；

谈话时要专心，不要一边谈话一边忙其他事情，也尽可能不要被其他事打断；

要有耐心，给他足够的时间谈，尽量不打断他的话，让他体会到你的全心接纳；

适当地问他一些简短的问题，可以帮助你更了解他的问题或想法；

尽量使用开放式问句，例如，“多告诉我一些关于……”、“你可以说说你的想法……”、“你觉得对你最困难的是……”；

注意对方言语和非语言信息（例如，眼神、音调及肢体动作等）的表达；

在灾变后，灾民有时会因悲痛、无助，转而抱怨、气愤，甚至责怪救灾人员，这是很正常的反应，尽量不要激动或生气，心情激动也容易让自己误会对方的意思。请尊重且接受灾民的情绪感受，并给予支持。

（4）陪伴他一起解决问题：

试着与受灾者建立良好的合作关系；

协助他理清问题的轻重缓急，先将心力及资源用在解决较重要的问题上；

协助他了解问题与资源，避免对问题的解决有不当的期待；

协助他寻找资源或援助，来帮忙解决问题；

协助他设定可以帮助他回复正常生活的具体目标，而且想出立即可以做到的行动步骤，当他实际采取行动解决时，立即给予鼓励与肯定。

六、科学地处理灾难压力

处理灾难的心理压力，仅有热情是不够的，必须要有科学态度和专业技巧。

1. 处理创伤后应激障碍

需要引起注意的是，灾难虽然会在短时间内结束，可是灾难对心理产生的影响却不会很快消失。全社会都应该认识到灾难主体和被动经历者会在未来一段时间内，心理上产生各种各样的变化，特别是创伤后的应激障碍。由异乎寻常的威胁性或灾难性心理创伤，导致出现和长期持续的精神障碍。

其症状标准如下。

（1）遭受对每个人来说都是异乎寻常的创伤性事件或处境（如天灾人祸）。

（2）反复重现创伤性体验（病理性重现），并至少有下列一项。

① 不由自主地回想受打击的经历。

② 反复出现有创伤性内容的噩梦。

③ 反复发生错觉、幻觉。

④ 反复发生触景生情的精神痛苦，如目睹死者遗物、旧地重游，或周年日等情况下会感到异常痛苦和产生明显的生理反应，如心悸、出汗、面色苍白等。

（3）持续地警觉性增高，至少有下列一项。

① 入睡困难或睡眠不深。

② 易激惹。

③ 集中注意困难。

④ 过分地担惊受怕。

（4）对与刺激相似或有关的情境的回避，至少有下列两项。

① 极力不想有关创伤经历的人与事。

② 避免参加能引起痛苦回忆的活动，或避免到会引起痛苦回忆的

地方。

③ 不愿与人交往、对亲人变得冷淡。

④ 兴趣爱好范围变窄，但对与创伤经历无关的某些活动仍有兴趣。

⑤ 选择性遗忘。

⑥ 对未来失去希望和信心。

严重标准：社会功能受损。

病程标准：精神障碍延迟发生（即在遭受创伤后数日至数月后，罕见延迟半年以上才发生），符合症状标准至少已三个月。

排除标准：排除情感性精神障碍、其他应激障碍、神经症、躯体形式障碍等。

2. 国际危机干预中常用的六步法

（1）确定问题。其实在危机干预的过程中，被援助者出现的问题往往是和他以往的认知水平、生活态度、个性特点密切相关的，每个被救助者都是特定的人，所以要从心理诊断的角度，科学地确定问题的性质和严重程度。

（2）保证求助者安全。这是最重要的，在以往的干预经验中，不乏一些被援助者因应激障碍中的抑郁发作没有及时发现而导致自杀的，所以要做好自杀评估，保证被援助者的安全。

（3）给予支持。主要是倾听而非采取行动，让来访者知道，这里确实有一个人在真心地关心你就行了，这就是在最初的状态下对他最好的治疗。

（4）提出一些适当的方法或途径让被援助者选择。因为在危机状态下，被援助者处于思维不灵活的阶段，不能恰当地判断什么是最佳的选择。有些处于问题中的求助者甚至认为已经无路可走了。

（5）帮助被援助者制订计划。和被援助者共同制订步骤来矫正其情绪的失衡状态，让他们相信，我们的国家、我们的组织和有关机构能够提供及时的支持，让被援助者感觉到这是他们自己的改变计划。这一点很重要，被援助者因为危机而忽略了自己的能力，你要让他们感觉到自己的权利、独立性和自尊。

（6）你要从被援助者那里得到诚实、直接和适当的承诺，并采取积极的步骤，这些行动步骤是被援助者自己从现实的角度出发所制订的，是可以完成的。

3. 幸存者的心理减压

灾难给幸存者造成的心理创伤是无形的、不可见的，但它的影响却是巨大的，破坏性也是极强的。

世界卫生组织专家曾说过，没有哪种灾难能像心理危机那样给人们带来持续而深刻的痛苦。唐山地震后约有 10% 的严重受灾者发生创伤后应急障碍，印尼海啸后心理问题曾困扰着灾区儿童。而在汶川，剧烈地震之后，也会有许多人笼罩在心理阴影中。

灾难过去了，但生活还在继续，生命也在继续；灾难远去了，而活着的人应当活得好些，再好些。所以，我们应当慢慢地清除心理的压力，弥合心灵的创伤，振作起来，开始新的生活。

我们应该认识到灾难事件结束之后，还有一些正常的应激反应：

（1）情绪上：恐惧担心（害怕不幸的事再次降临到自己或家人身上），迷茫无助（不知道将来该怎么办，有时似乎有世界末日即将到来的感觉），悲伤（为亲人或其他人的死伤感到悲痛难过），内疚（感到自己做错了什么，因为自己比别人幸运而感到罪恶），愤怒（觉得上天对自己不公平，觉得自己不被理解，不被照顾），失望和思念（不断地期待奇迹出现，却一次次地失望）等等。

（2）行为上：脑海里重复地闪现灾难发生时的画面、声音、气味；反复想到逝去的亲人，心里觉得很空虚，无法想别的事；失眠，噩梦，易惊醒；没有安全感，对任何一点风吹草动都“神经过敏”，等等。

这些反应都是正常的。大部分反应随着时间的推移，都会渐渐减弱，重新回复到正常的生活中。像哀伤、思念这样的情绪可能会持续得更久，伴随人们几个月甚至几年，但不会对生活造成太多影响。我们要学会带着我们的哀伤继续生活。对于少数人，问题可能持续存在，需要注意寻求心理卫生专业人员的帮助，看其是否有应激性反应综合征。

如果外界的刺激过度激烈（与本人承受能力比较而言），或者长期、反复地出现，以致超出机体能够承受的极限，将会造成病理性损害，出现诸如失眠，持续疲劳，乏力。食欲不振、烦躁不安、精神难以集中、记忆力减退、性功能下降，无名低热等症状。但又查不出任何明显的器质性病变；严重的则可能有胃溃疡、心肌梗塞等症，并导致内分泌、免疫功能和行为方面的负面变化。这便是应激反应综合征了。

对于应激反应综合征，许多人至今还不甚了解。有些人仅仅把它视为躯体疾病而单纯依靠增加营养或补品，有的人一遇烦恼就训斥下属或家人，有的人甚至试图用抽烟、酗酒来宣泄。这些办法当然都无济于事或者适得其反。正确的办法应该是：

（1）心理准备。要充分认识到现代社会的高效率必然带来高竞争和高挑战性，对于由此产生的某些负面影响要有足够的心理准备，免得临时惊慌失措，加重压力。同时心态要保持正常，乐观豁达，不为小事斤斤计较，不为逆境心事重重。要善于适应环境变化，保持内心的安宁。

（2）自我期望要适当。希望自身的情况马上好转，心里焦急，结果欲速不达。

（3）劳逸结合，忙里偷闲。暂时丢掉一切工作和困扰、彻底放松身心，使精力和体力得到及时恢复。此外，要保持正常的感情生活。事实表明，家人之间，朋友之间的相互关心和爱护，对于人的心理健康是十分重要的。

(4)自我疏解。在遇到冲突、挫折和过度的精神压力时,要善于自我疏解，如参加文体、社交、旅游活动等，借此消除负面情绪，保持心理平衡。

同时，要在专业人员的指导下，进行自我减压，自我心理调适。

你要相信，自我调适是有作用的。

灾难后调整情绪的方法有如下几种。

（1）尽量避免刺激。避免、减少或调整压力源，如少接触道听途说或刺激性的信息。

（2）降低紧张度。和有耐性的亲友谈话，或找心理专业人员协助。

（3）做好应激准备。做紧急处理的预备，如逃生袋、电池、饮水、逃生路线等，多一点准备可让自己多一份安心。

（4）减轻忙碌。近期少安排些事务给自己，一次处理一件事情。

（5）多接触亲朋。不要孤立自己，多和朋友、亲戚、邻居、同事或心理辅导团体的成员保持联系，和他们谈谈感受。

(6) 规律生活。规律运动，规律饮食（尤其多吃青菜、水果），规律作息，照顾好身体。注意免疫力变差，小心感冒。

(7)学习放松技巧。如听音乐、打坐、瑜伽、打太极拳或肌肉放松技巧（可请心理专业人员指导）。

再就是采取一些自我调节的方式减压。

(1) 自我暗示。具体方法可见前面自我暗示专题。

(2) 心理宣泄。不要压抑情绪，可以直接宣泄，把悲伤最大限度地释放。把悲伤和不满贮在内心深处，得不到释放，就会给自己的精神加重负担，增加压力。

(3) 倾诉情感。把内心的感受讲给亲人朋友听，这是另一种排泄方式，可以减轻心灵的重负。如果适时倾诉，敢于敞开内心，就会防止抑郁成疾，特别是有同样经历的人，相互之间谈一谈，会减轻伤痛，对灾难的认识变得理性一些。人在交流之时，也就像开渠放水一样。

(4) 培养正当的爱好。爱好可以陶冶情操，比如养花、书法、雕刻都可以帮助转移注意力。

(5) 运动减压。把悲伤的情绪转化成另外的一种动力，比如跑步，打球。

(6) 融入社会生活。多参加群体性活动，体会现实生活的美好，体味到现实生活的乐趣，从而无形之中忘记悲伤。

(7) 关爱自我。活着本身是美好的，活着真好。活着的人活得好，才是对逝者的告慰。可以有意识地强化这种意识，更好地调节自我情绪，压力自然减轻一些。

(8) 心灵升华。生命是短暂的，生命的价值和意义在哪里？对于一个幸存者来说，如果活得更积极一些，既是对逝去的亲人和朋友的告慰，也是对自身价值的重新体现、灵魂升华。

4. 关注灾害中丧失亲人的儿童

对于灾难中失去亲人的孩子，应该尝试运用下面的方式与他们沟通。

(1) 以深度的共情去聆听；

(2) 用孩子能听懂的适当的语言和他们交流；

（3）容许他们情绪的表达，特别是愤怒、愧疚感等；

（4）公开和他们谈论死亡，将死亡视为成长的一个阶段；

（5）随着兴趣的增长展开问答对话；

（6）尽量让身边的大人比平时更多地陪伴儿童；

（7）按照青少年的需要，给予他们足够的空间；

（8）帮助他们恢复正常的生活规律；

（9）当周年纪念或假日来临时，留意他们的日常举动；

（10）提供实时及方便的途径，让他们在任何时间只要有需要就能找到一个成年人。

告诉孩子身边的大人，不要做的事情是这些。

（1）不能告诉孩子一些你自己都不相信的事情；

（2）不能告诉孩子逝世者去度假；

（3）不能给予过于简化的答案；

（4）不能在孩子面前说逝世者的坏话；

（5）不能中断他们的提问，要听清楚他们的问题；

（6）不能隐藏你自己的情绪，允许让它自然流露；

（7）更不能让依赖儿童或青少年作为大人生命唯一的支持；

（8）不能假设所有哀痛过程都是一样的，每个孩子都有他们的不同；

（9）告诉他们什么是对或错的哀悼方式，这样会让他们尽快地适应新的生活；

（10）告诉大人不要太过忙碌以致不能有太多的时间给他们，需要一段时间帮助他们度过脆弱阶段。

5. 二级人员灾后减压

所谓二级人员，指的是直接受灾人员以外的亲历灾难的人员，如记者、救援人员、医务人员、义务工作者。他们面对过惊悚和悲惨的场面，看到过被烧焦的遗体，接触过四肢不全的幸存者，曾被笼罩在悲恸欲绝的氛围里。他们的眼泪曾哗哗流过，心灵强烈震撼过，心情十分烦躁过。他们受到恶劣情绪的传染，心理也受到不同程度的伤害，他们的心理压力不言而喻。

心理专业人员可以指导他们自我减压，以缓解心理专业人员不足的矛盾。

（1）合理宣泄。比如哭泣、呐喊、倾诉等行为都是排遣不良情绪的有效方法；写出内心感受。这个方法可以化解负面情绪，例如，写日记，把“感情的垃圾桶”倒出来，也可以是临时写写，目的只是为了宣泄，不择词句，完全倾吐，心里怎么想就怎么写，毫无保留，写完了，也就轻松了。

（2）自我平衡。主要以“精神胜利法”为基准，找出各种理由来平衡自己的心理。

（3）心理暗示法。通过大量心理暗示面对各种情形，使自己平静，觉得安全，抵御心理伤害。

（4）转移注意力。用工作来填补内心的空虚，用较高强度的工作使自己无暇他顾，时间可以帮助你解决问题。

在此要特别提到军人和医护人员，在汶川地震中，他们零距离亲历了那不堪回首的场景，灾后进行自我调适很有必要而且要极其慎重。

军人，特别是年轻的军人，基本上是“80后”的孩子，独生子女较多。他们在温暖的家庭环境中成长起来，吃的苦比较少，得到的磨炼也比较缺乏。他们刚开始接受军队的训练，正在适应军营的环境，因为责任和纪律，就到了救援的一线。军人的职责要求他们勇敢、坚强，不怕苦，不怕死。他们做到了。但我们要注意到，年轻的军人是在执行命令，难免有些不适应至少会在事后出现心理的不适，这都是客观存在的情况。在这种情形下，部队首长和有关部门应给予主动关心，比如指导他们合理饮食，组织联谊活动等等。他们自己也可参照上述的办法进行调节，抽空给爸爸妈妈打个电话，和同学朋友聊聊天。再就是多参加一些文娱活动，陶冶情操，升华灵魂。

医护人员在一线工作，每天接触大量的受灾群众，伤残的、死亡的，都是亲眼所见的直接刺激。医护人员的人群以女性为主，女性的情感会更加敏锐。加之处在野外时，卫生条件差一些，长期的奔波和疲劳，导致精神委靡，情绪低落，灾后短时间内不易调整复原。这个人群中，可能还存在一个顾虑，因为自己从事的就是救死扶伤的工作，自己却出现了不适应，怕人家笑话，怕人家议论，因此，出现了心理不适尽量掩饰，也正因为这种原因，导致了领导和同事的关心缺少。请注意调整自己的认识。消除那些不良意识，实事求是地看待自己，评估自己，然后再有针对性地调节好自己。

6. 避免消极心理

面对灾难这样的负面事件时，首先要避免一些消极的心理和做法。

（1）否认心理。很多人不肯面对负面事件的事实存在，这就很容易产生严重的心理问题甚至是精神问题；灾难客观存在，我们只能勇敢面对。

（2）退行心理。有些人在面对负面事件时，会将自己的行为退行到早期，这也是逃避的特殊方式。其实，逃避是逃避不了的。遇到灾难，最好冷静地找到解决的办法。不可屈于压力而退行。学会幽默，在面对负面事件时要学会轻松面对，缓解紧张情绪。

（3）压抑心理。有些人表面上看起来没事，其实是将不良情绪积蓄在心里，一旦爆发后果很难想象。这种积蓄压力的方法是十分危险的。

（4）反向心理。即掩盖自己的真实情绪，甚至走向反面。掩盖情绪也是在增加压力。可以采取脱敏法，越是害怕就越要去面对，当你慢慢尝试面对和接近负面事件时，再有同类事件发生，就不会引发那么强烈的心理压力了。

（5）自责心理。这种情绪也比较常见，比如面对失去亲人，很多人会把责任强加到自己的头上。最好是使思想升华，化悲痛为力量，把应激产生的悲痛或者其他能量转化为积极的因素，做出对人对己对社会有建设性和创造性的事情。

7. 纠正心理救助的误区

（1）不要认为所有人对什么是“正常”的看法是一致的，在危机中的问题、情绪反应、行为和感知觉与社会、文化、经济或政治背景都是有关系的。

（2）不要认为个体是构成社会的基本单位，团体和家庭也是我们工作的对象，这样做会让你更便捷。

（3）不要认为独立自主是有价值的，而依赖于别人是不应该的。

（4）不要认为正式的咨询比求助者周围的自然支持系统重要，支持系统有时候也会给他们足够多的帮助。

（5）不要认为任何人都依赖于线性的思维，大家都能够多元化看世界。

(6) 不要认为咨询者应改变个体以适应系统，这样对于在障碍中的人是不公平的。

(7) 不要认为求助者的过去与当前的事件无关，当前事件恰恰是他过去的问题的一个新的转型。

(8) 不要认为咨询者和危机干预工作者对自己的认知非常了解，有时候很容易被自己看不到的问题绊倒，影响工作。

咨询师处方：感受心象排解压力

一、感受心象轻松法

先评价一下自己：你认为自己是一个积极向上的人吗？是不是有时候也会有消极的想法？有没有问过自己："我为什么会遇到这种事？"解释这种思想状态的原因可能有许多种。

毫无疑问，你的适应能力和你从前所经历的各种事件对你的思维方式有着重要的影响。你可以通过分析，找出其真正的原因。你也可以采取行动，阅读、观看并复述那些积极的自我肯定的词语。这些想象肯定法会使你放松心情，并且有助于你迅速而有效地达到基础放松状态。

下面这些肯定词语，将使你在心里把一些真实的或想象的场景、事件、物体和符号形象化，帮助你进入基础放松状态。

心灵想象肯定法包括以下几方面。

1. 接受我的心灵

我将变得心胸开阔、宽容，不对别人妄加指责。

2. 改变我的心灵

我的生活有时就像一列过山车，总有起起落落。

得意时让我感到欣喜若狂。

我也知道，后面还有很多倒霉事在等着我呢。

我要勇敢面对生活中无法预料的大起大落，我只能自己作好准备迎接下一段艰难的旅程。

我知道所有这些起起落落、酸甜苦辣都是人生的一部分。

3. 鼓舞我的心灵

今天我要允许自己去做我喜欢的事。

我要看一些能鼓舞我去创新的书、杂志和电影。

我要通过帮助别人、勇于奉献、表现真我，使自己的生命更有意义。

4. 振奋我的心灵

当我让自己做呼吸练习时，我要把心灵振奋起来。

我的呼吸练习做得越多，输送到大脑里的氧气就越多，我的头脑也就能更加清醒。

5. 欣赏我的心灵

我的生活就像在走一条无尽的路。我一直在欣赏这样的旅程。

我每做一件事，都要保持足够的耐心和清醒的意识。

我愿意接受变化和各种可能性。

我的一生要保持灵敏的思维方式。

6. 打开我的心灵

每天我要敞开心扉去迎接新的思想、观念、可能性、观点和信仰。

我是独一无二的，我有自己独特的思想和人生观。

我不会在无益的人和工作上浪费自己的精力。

我有权选择自己的想法和发表自己的看法。

7. 保护我的心灵

我用心保护自己，防止自己把精力耗费在无益的人和工作中。

我让自己接近那些快乐而又有进取心的人们。

我不必在无益的人和工作上浪费自己的精力。我完全可以远离这些人和事继续走自己的路。

8. 安定我的心灵

即使我安谧悠闲、沉默寡言、性格内向，我也要倾听他人的意见，观察他人的行为。

在倾听和观察期间，我会给自身补充精力和实力。

我心中充满自信和安全感。

我知道，如果我乐意我会作出奉献并与他人分享我的观点和想法。

9. 强化我的心灵

我要通过做瞬间放松练习来强化我的心灵。

我要学会集中精神去达到我为自己制订的目标。

10. 感谢我的心灵

今天我拥有积极向上的态度。

我对自己拥有的一切心怀感激。

我知道，世界各地的许多人生活得远不如我。

我不再拿自己和别人作比较。

我知道，我的人生将按照我所设定的目标前进。

我要以我的微笑、我的快乐、我对别人的鼓励走向未来。

11. 理解我的心灵

我理解，我的心灵总会作出最适合我的决策。

我要尽力让自己的想法和决策过程与我的人生目标相一致。

压力和放松两种感觉都是在内心产生的。人的内心里是感到紧张，还是感到放松，取决于你如何解读自己和他人的行为。这种认知行为机制既说明了心态改变的简单性，也说明了心态改变的深刻性。当然，就我们对他人行为的态度而言，我们还有很多其他选择。研究表明，我们的信念和价值观会对我们的行为产生巨大的影响。比如做信访工作的李奇，由于长时间倾听别人的抱怨，她觉得内心疲惫不堪，这也自然导致了她身体上的疲劳。如果她能够把帮助别人看做一件高尚的事，即使她仍觉得累，但她这样做会不求回报，只求能帮助他人，疲劳感自然就减轻了。如果她不是这样，她就会越倾听别人的问题越觉得身心疲惫不堪。也许她会陷入一种十分无效的倾听方式中。她会一面倾听，一面联想，把她听到的消极信息加入到自己的心态，使自己陷入同情之中。这种“同情”想法使她与被帮助的人产生了同样的感觉和情绪，因而也就失去了作为社会工作者的意义，降低了她的工作效率。

另一方面，如果她把自己的工作性质重新界定为富于同情心、关心他人、无私地爱护他人，那么这种日复一日的倾听和谈话工作就会使她振作精神，精力充沛。在这种情况下，她会产生感情移入（而不是“同情”）。有什么不同呢？这时，她可以探测他人的内心世界，而不必亲身体验对方的情感。她可以“观察和倾听”他人的经历，但却置身事外。这样能更好地理解作为一名为他人提供帮助的人的工作意义。

由此我们认识到，我们的信念和价值观会对我们的自身行为产生多么重大的影响。只有通过反复的心灵肯定练习，我们的信念和价值观才能与基础放松状态下所体验的信念和价值观保持一致。

事实上，这是一项测试我们思维方式的好办法。你的信念和价值观能使你更容易达到基础放松状态吗？如果不能，说明你的思想尚不能为你提供很好的指导和服务。

现在你已经知道了，你的信念和价值观能对你的行为产生巨大的影响。通过反复练习心灵想象，你的信念和价值观就能与基础放松状态下所体验的完全相符。

二、体会心理图像

目前的自我意向是根据想象中的过去的自我而形成的，而过去的自我意向又是对过去经验所作的解释和评价。过去用某种方法绘制出自我肖像或许不太准确，现在你可以用这样的方法绘制一幅非常准确的自我肖像。

每天腾出三十分钟时间，独自一人，排除干扰，尽量放松使自己感到舒适。然后闭上眼睛，锻炼想象。经过实验发现，如果想象自己坐在一幅宽银幕前面，正在观赏自己演出的电影，就会得到很好的效果。但要使这些画面尽量生动和详细，让你的心理画面尽可能接近实际的经验，就要注意想象对象的微小的细节，注意你想象的环境中的景象、声音和物体。一位患有恐惧症的人曾经用想象来克服她拔牙时的恐惧，一开始没有成功，后来她开始注意想象细节——诊所里的消毒水气味，触及椅子扶手上皮革的感觉，医生的手伸到她嘴边时露出的那副修剪得很整齐的指甲，等等。在这项练习中，想象的环境中的各个细节是至关重要的，因为要考虑实际目的，就必须创造一个实际的经验。如果想象得足够生动和详细，那么，就你的神经系统而言，你的想象训练就相当于一次实地的体验。

需要记住的一点是，在这三十分钟内，你要看到自己的行动和反应是适当的、成功的和理想的。昨天的行为如何，这无关紧要，你也不必期望明天会有理想的行动，你的神经系统到时候自然会负起责任——如果坚持练习下去的话。想象你在按照你希望的那样行动、感受和“存在”。如果你一向羞怯和畏缩，想象自己在大庭广众下轻松而镇定地活动——并且因此而感到舒服；如果你在某种情况下恐惧和焦虑，想象你轻松自如地行动，有信心有勇气——并且因此而感到开朗和自信。通过这种练习，在你的头脑和神经中枢系统建立起新的“记忆”或者存储数据，并建立起一个新的自我意向。在练习进行一段时间后，你会惊奇地发现，你的行为“完全不同”了，多多少少有一些自动和自发性——“毫不费力”的感觉，这是必然的。如果你不“进行思考”或“努力”就达到无效的感觉和不适当的行为，而且这些不适当的感觉和行为是自动的和自发的，是因为你在自动机制里建立的记忆本身就是不适当的。自动机制不管接受肯定的还是否定的思想与经验，都会自动地进行工作。

三、释放情感法

不同性格的人对情感的要求程度不同，但有一个普遍的规律，即不断地压制情感。情感压力会导致心理障碍，包括心理矛盾、心理压抑、情感纠葛、自我否定、模糊不清、飘浮不定的忧虑。而在那些对与身心相关疾病感兴趣的医生们中也存在一个共识，即情感压抑可能是导致某些疾病——包括癌症和心脏病——发展的原因之一。这些说明有充分的理由，让我们揭开情感生活的面纱，即使在不能公开表达情感的时候，也至少承认它们的存在。

最基本的一步就是要允许自己体验情感，允许自己愤怒、害怕、兴奋。事实证明，大量的情感压抑产生于孩提时代，孩子总是被成人引导将自己最直接的情感与不愉快的事务相联系。他们可能会因为痛苦的哭闹受到处罚，也可能因为快乐的嬉闹受到处罚，这种由于表达情感所受到的压制，慢慢使他们变得像成年人一样，自己心里想说的话、想表达的情绪、想哭、想笑都被强烈地制约着，以致变得呆板且习以为常。

许多不能释放情感的人，被自己周围的人的情感搅得不平衡。假如我们不能正视自己的眼泪，我们就可能对别人的眼泪失去耐心；假如我们不能正视自己的愤怒，我们就可能被别人的愤怒搅得心烦意乱；假如我们不能正视自己的快乐，我们就可能被别人的快乐搞得尴尬万分；假如我们不能正视自己的爱慕，我们就可能对别人的爱慕异常冷漠；假如我们不能正视自己的缺点，我们就可能对别人的缺点吹毛求疵。包括眼泪在内的一切压力解决办法，主要都在于承认情感的正常性、自然性、合理性，承认它是充实人生的一部分。当然我们需要具备控制它们的能力，明白何时表达恰如其分，何时有悖常理。但这种知识必须基于我们对自身情感的彻底了解和坦率承认，少了任何一项，我们生活中的压力都会继续对身体和心理造成伤害。

有了情感压力，必须找到适当的方式，将压抑的情感尽快地释放出来。

你可以选择你平日里单独属于你自己的减压大法，也可以参照前面提到的放松法等方法来释放你的情感。

换种活法

变压力为动力

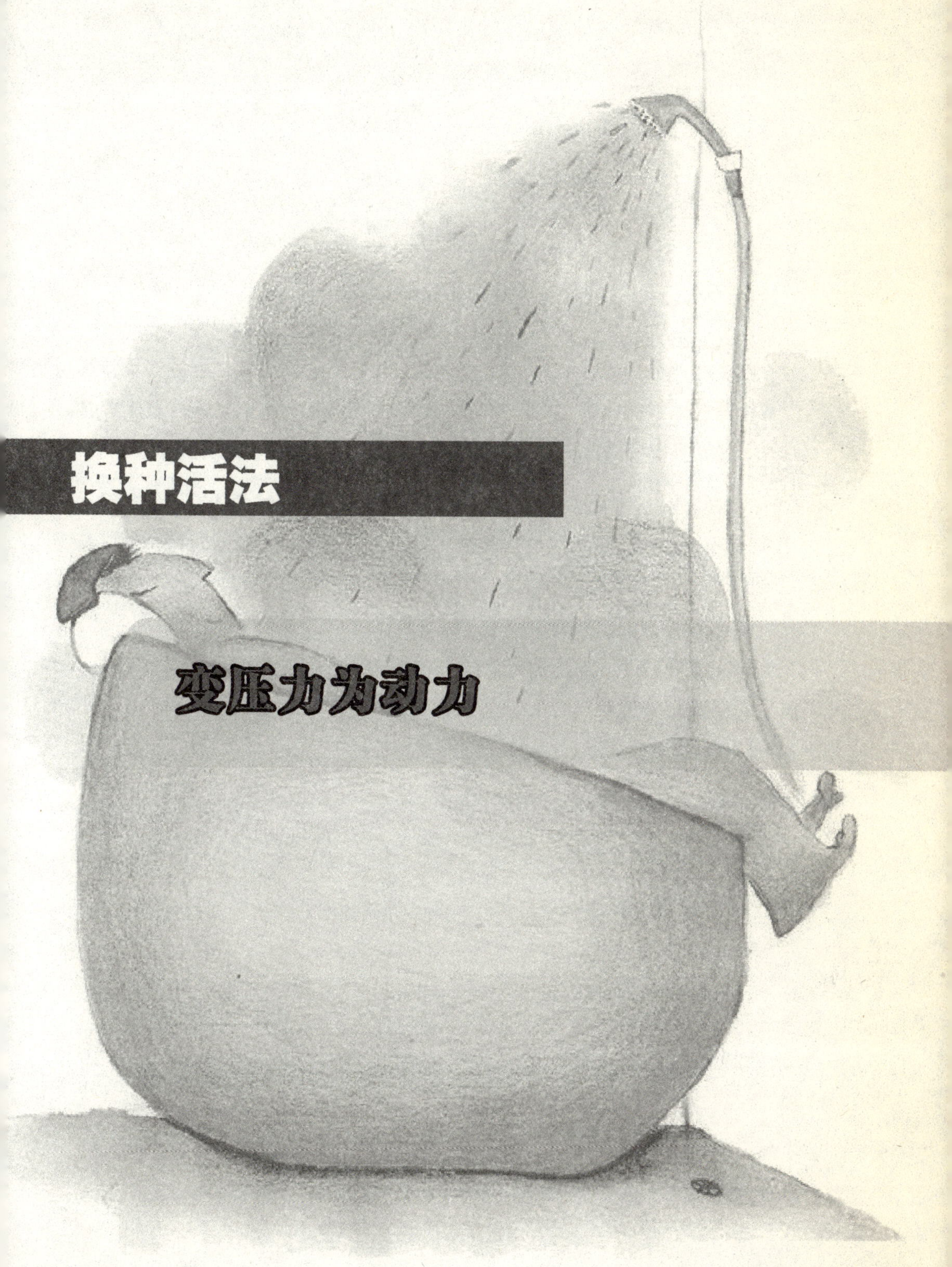

自控能力测试

自控能力是抑制神经兴奋的一种能力，也是我们控制、克服气质特征中某种消极因素的重要途径。血气方刚的年轻朋友，特别是气质属于胆汁质的朋友更应该克制自己，成为在任何情况下都能成功驾驭自己感情的人。

1．你在办公室，为了赶一件工作而忙得晕头转向，此时电话铃声却急促地响个不停，你赶忙抓起电话耳机一问，对方抱怨你接晚了，可是他又打错了单位。这时，

a．你对对方的埋怨表示接受，然后告诉对方“您打错了”。

b．你说了一声“这里是火葬场”，便咔嚓挂断了电话。

c．你告诉对方要找的单位，可是你不是这个单位的人。

d．你说：“我是 ×× 单位，请另拨号吧。”

2．当你排长队买球票排得不耐烦时，一位不速之客试图混在你前面“加个塞儿”。这时，

a．你想：“反正也不是我自己排队。加就加吧。”

b．你吹胡子瞪眼：“自觉点儿，后边去。”

c．你说：“我倒没什么，早点儿晚点都行，可后面的人有意见。”加以拒绝。

d．你说：“对不起，你来得比我晚，是吧？大家都忙，排好队也不慢。”

3．这天下午你提前下班，为了让妻子（丈夫）改善一下生活，你想在她（他）面前“露”一手，便不辞辛苦地张罗起来。由于技术不熟练而手忙脚乱，菜没有做好。你妻子（丈夫）回来一看，埋怨你：“菜的味道不可口，火

候也小了，把挺好的材料也浪费了。”这时，

a．你虽然心里很委屈，还是一声不吭地听了。

b．你说：“不好吃别吃。”随手将其倒掉。

c．你说：“我本来是可以做好的，可是由于火不好用才做糟了。”

d．你理解妻子（丈夫），只是恨铁不成钢，高兴地对她（他）说：“这次是有点儿不成功，下次包你满意。”

4．你到一家餐馆就餐，服务员给你找零钱时少找给你两毛钱，你发现以后：

a．想：“算了，这样忙乱，她不承认也没有办法。”便悄然离去。

b．气势汹汹地质问、斥责她，说她这是“故意想讨便宜”。

c．什么也不说，但是离开时将一只杯子装进口袋，以作抵消。

d．对服务员说：“对不起，能否查一下，你多收了我两角钱。”

5．你刚买回一台录像机，还没有好好使用过，你一位朋友说要借看几天，而你并不愿意外借，你怎么办呢？

a．尽管心里老大不愿意，还是借给他看了。

b．你不但不借给他用，还说难听的话给他听。

c．你说：“咱们是好朋友，你不来借也要让你看几天，只是不巧别人借走了。”

d．你说：“哦，我刚买来，看看质量好不好，要没问题第一个借给你看。”

6．你的经理交给你一件并不属于你职责范围内的事情，虽然你对此事不熟悉，但还是费了九牛二虎之力完成了。当你高兴地去向经理报告时，不仅没有受到表扬，还被指责不对。这时，

a．你虽然满腹委屈，但没说一句话就默默走开了。

b．你不买他的账，拂袖而去。

c．你说：“这事我也觉得不当，可科长让这样干。”

d．你耐心听完他的话，找出错在哪里，今后如何改进工作，并提醒他注意态度。

7．你的朋友当着众人的面喊你很少人知道的不雅“绰号”时，你怎么办？

a．你面红耳赤，低头不语，在众人笑声中显得尴尬，无地自容。

b．你怒声斥责他不懂礼貌，胡说八道。

c．你反唇相讥，当着众人的面给他起个不雅的外号。

d．你向大家解释“绰号”的来历，说明并没有恶意，以澄清是非。

8．你好不容易挤上了公共汽车，还没有站稳就被旁边的人踩了一脚，而且连一句道歉的话都没有，这时你会怎么办呢？

a．踩一脚就踩一脚吧，反正也没踩伤。

b．怒声斥责他，骂他“眼睛瞎”，并因此而吵架，甚至动武。

c．不动声色，到下车的时候回敬他一脚。

d．告诉他踩得很痛，虽说不是故意的，也该说声“对不起”。

9．你到一家餐馆就餐，要了一份价钱比较贵的菜，当服务员送来时，你感到分量不足，这时你怎么办？

a．你想，开饭店就是为了赚钱，再说也没有绝对的准确，凑合吃算了。

b．你找到服务员大吵大闹，指责他们故意坑顾客，发不义之财。

c．你一声不吭吃下，但是临走时给饭店使点坏，比如把酱油、醋倒掉或者把桌布弄得很狼藉。

d．你把意见详细写在意见簿上。

10．你走在马路上，突然被一个骑自行车带小孩子的人撞着了，你怎么办？

a．你想，怪不得昨晚做梦不好，今天自认倒霉吧。

b．你厉声批评他，不让他走，要他向你道歉，赔偿损失，结果把孩子吓得哇哇大哭。

c．你想到骑车带小孩子违反交通规则，要罚款的规定，以找民警评理、罚款威胁他。

d．你对他说：“多险，差点碰上孩子，往后骑车留心点儿，再说带孩子也不安全。”

得分分析：

1．多数选择 A 者

你对来自外界的干扰、纠纷都持消极退让的态度，即使属于自己的正当权益也不能予以维持，至于对周围发生的事情更是不分良莠，“睁一只眼，闭一只眼”。其实这并不是克制，而是逆来顺受，自我解脱。不了解你的人还可能以为你胸怀大度，了解你的人会认为你缺乏个性，如果是个小伙子还可能被姑娘们认为是个“窝囊废”。

2．多数选择 B 者

你的脾气暴躁，克制力又很差。你肆情恣意，毫无顾忌，想怎么说就怎么说，想怎么干就怎么干。时间长了会被认为是个缺乏修养的“粗鲁汉”。在人际关系上出现危机，搞不好还要惹出事端。有时人们也可能敬你三分，但那并不是由衷佩服你。

3．多数选择 C 者

你有较强的克制力，对生活中出现的矛盾不至于激化。不过你这种克制在多数情况下并不是真正意义上的控制消极因素，而是一种隐蔽、转移的变相发泄。与人相处天长地久，会使人感到缺乏诚意，也不够坦率，并由此对你敬而远之。

4．多数选择 D 者

你有很好的克制力，克制的方法好，社会效果也不错。你宽宏大量、待人以诚的品格，受到人们（其中也包括起初对你怀有“敌意”的人）的尊重。在人际关系上你是一个有雅量的人。

将压力转换为人生动力

一、知足常乐，不放大痛苦

看一个寓言故事。

有一个人，觉得做人实在太累了，要承受各种各样的压力，还有一辈子做不完的事，一点都不自由、不快乐。于是他就找到上帝，说他不想做人了，做人太累，上帝问他："那你想做什么呢？"这个人想了想说："我想变成一条鱼，在大海里自由自在地遨游。"于是上帝把他变成了一条鱼。

小鱼在水里自由自在地玩耍，可不一会儿，就有鲨鱼要吃它，它拼命地逃，好不容易躲过了一劫，可刚一扭头，却进了鲸鱼的肚子，它想尽办法逃了出来，赶快去找上帝，小鱼惊魂未定，气喘吁吁地说："太可怕了，太可怕了，我不当鱼了，那么多大鱼要吃我，我受不了了！"小鱼要求上帝把它变成一只鸟，可以在天上自由飞翔。上帝答应了它的请求。

可是没过几天，小鸟又来诉苦："上帝啊，当鸟的日子也不好过啊！老鹰要抓我，毒蛇要咬我，猎人还天天举着枪要打死我，要不就是把我关在笼子里当宠物，要不干脆把我当菜吃，做人虽苦，但至少没有生命危险。"

于是上帝把小鸟还原为人，并对他说："谁都有烦恼，有压力，不要纯粹羡慕他人的自由快乐，要知道快乐和痛苦是并存的。认认真真地做你自己，才是最快乐的事！"

每个人都有自己的生活，自己的喜怒哀乐，但是很多人往往只看到个人的苦愁，而去欣赏别人的幸福，于是更加感到自己的不幸，更加觉得自己不如别人，对自己免不了无情地责备、悔恨。其实那是非常错误的认识，人人都一样，谁都有压力，上帝是公平的，他会给每个人同样的痛苦，同样的压力，同样的快乐，不过是以不同的形式出现罢了，而且每个人对这样的事情把握不一样，选择不尽相同。我们应该满足自己得到的一切，乐观地接受生活赠与的一切，坦然地化解所有的压力。

如果我们心情平静，就不会被当下的压力吓住，会冷静地认识所面对的压力，实事求是地看待它，不会缩小，也不会夸大，缩小或夸大压力只是放纵自己、吓唬自己。尤其是吓唬自己的思维非常有害，让人完全迷失方向。只有平静，才能有一颗平常心，在平常心中才能创造出引人注目的业绩。

有一位学生患有重病，住在医院里很不安心。他想这样下去自己成绩下降不说，还会被同学看扁、老师冷落。他思维的逻辑是，同学们会嘲笑自己体质不佳，没有哪个女生看重身体不好的青年，也没有谁喜欢成绩不佳的同学，自己这样在医院待下去，一切都会变样，而且会变得越来越糟。他心急如焚，备受煎熬，非但病没有好转反而加重，高烧不退，差点没命。

虚幻的压力就是这么无情，能给人致命的打击。生活中，这样的情况并不少见。有的员工因为做错了一件事被上司批评，就认为自己从此再无出头之日，说不定将被除名，于是无心正常工作，结果错误越来越多，以致心情无法收拾，果真被除名。

有些人即使不是完全如此，但多少有些相似之处。总是抱怨生活的压力太大，搞得身心十分疲惫。其实是我们自己放大了压力，放大了痛苦。一个有智慧的人，要学会就事论事，遇事处事。立足于平凡，在平静中创造辉煌。

二、百折不挠，越挫越勇

吃一堑，长一智。人们都是在磨砺中成熟起来的。但是，有的人虽然明白这个道理，却不能自然地运用这个道理，遭遇挫折就心慌意乱，面对大事惊慌失措，在压力中几乎迷失方向。

一位刚毕业的大学生被心理痛苦折磨多日，在好友的指引下，去心理咨询。他向咨询师陈述：毕业后找工作处处受挫，而其他同学多数已经迅速就业；最近发现热恋的女友心有旁骛，他原来听她说过，她的父母不赞成他们谈朋友，原因是她父母认为他是志大才疏的无能之辈，此次一直找不到工作，似乎为她父母提供了依据。

咨询师问，你写错过字吗？又问，你学游泳呛过水吗？那么，写错字后，呛了水后，你是否不再写字，从此远离水池？

他表示不是那样的。

咨询师说，你摔过跤吧，摔倒后你不会一直趴在地上吧，是的，你肯定会立即爬起来。我们每个有理智的人都会这么做。

他表示理解。

咨询师说，你摔跤了，疼吗？这疼，别人能帮忙解除吗？你呛的水，别人能帮忙咽下肚吗？没有人能真正帮你，只有你自己能拯救自己。找不到工作只是暂时的，你可以认真思考毕业以来主要的言行，清理自己的情绪，思考不被录用的原因。首要的是不能自卑，对自己要充分相信。你可以爬起来，你可以拯救自己。

他明白了问题的症结，在咨询师的指导下进行自我暗示训练，增强自信。不久，就改变了形象，终于得到了如意的工作。

（以上的咨询情况非一天完成）

如何面对挫折是一个很重要的问题。有人缺少承载压力的心理耐受性，一蹶不振。只有抗压能力强的人，才能百折不挠，向希望的终点迈进。

要战胜挫折一定要端正心态。要明白，人生的路上不可能一帆风顺，前进的路上免不了坎坷。如果遇到挫折和失败能较快地从打击中清醒过来，吸取教训，总结经验，重振旗鼓，从头再来，最终必将获得成功。“人不能被同一块石头绊倒两次”，看清了绊倒自己的这块石头，有助于以后的路走得更稳。常胜将军是没有的，科学的发明都是经过无数次的失败才取得的。对任何事物，我们都必须作好两种准备，胜不骄、败不馁，这样才会垫铺好成功的台阶。

因为挫折让我们学会做人。

人的一生在某种意义上说，就是一个适应社会要求的过程，如果适应得好，就觉得舒心和谐；如果不适应，就觉得别扭、失意。而适应就要学会调整自己的动机、追求和行动。学会在不同环境、不同时间、不同对象、不同规范条件下调整行为。要相信每失败一次，每挫折一次，就离成功近了一步。

挫折能使有头脑的人增强意志力。

许多人心理承受能力差，在行为上也常常表现得浅尝辄止，缺乏忍耐力。被饥饿折磨过的人，才能吃出食品的美味，挨过冻的人，才特别珍惜春天的温暖。我们每战胜一次挫折，都会使意志进一步强化，为下一次应付挫折提供胸有成竹的心理支持。

三、张弛有度，甘蔗一节一节地吃

许多人做事情风风火火，日程安排得满满的，事务一件接一件。他们认为只有如此只争朝夕，才能领略到无限风光。其实，这是很不好的一种工作方法。俗话“磨刀不误砍柴工”，讲明了做事的辩证法，应该是有张有弛。长期高速运转，是机器也会疲劳。

某私营老板，每天总是忙忙碌碌，几乎没有一刻可以休息的时间，几年下来，资金积累了上百万，但身体的压力越来越大，每天都有沉重的疲惫感，连夫妻生活的兴趣都没有，妻子意见很大。他想好好休息，但放心不下发展起来的业务，强制自己支撑，最后住进了医院。

出院后，朋友指点他去进行减压咨询。于是他找到了心理咨询师请教减压方法。

咨询师端出满满的一杯水，又拿出一只空杯问他：你平时最爱喝什么？他说，绿茶。咨询师沏好后，往那满满的杯中倒。但他没有明白为什么这样。咨询师说，本来满满的，是再也盛不下其他东西的，哪怕是你最需要、最喜欢的东西，也装不进去了。老板似乎略有所悟……

“你能把这张纸举一分钟吗？”老板不以为然地说：“这有什么问题，谁都可以做到。”一分钟很快过去了，老板并不觉得累。接着，咨询师还是让他举着。半小时后，问他有什么感觉。他说有点酸。咨询师问他：“还能坚持举一小时吗？”老板虽面有难色，但还是说：“应该可以吧！”一个小时过去了，老总累得手臂酸痛，抬都抬不起来了。咨询师又问他：“你能坚持一天吗？”老板连忙摆手：“恐怕不行了，不行了。”

咨询师说：“假如举一天，你的胳膊肯定得掉下来，假如你举一小时后，休息一会儿，你可以不断地一小时一小时地往上累积，你想想，为什么？”老板问：“这与我的情况有关联吗？”

咨询师说：“你举的时间越长，就会越觉得重。其实，它的重量没有改变，改变的是时间。如果你改变方法，把它放下，休息一会儿，再举，然后再休息一会儿，接着再举，那么你就会持续举起……你承担的压力是同一个道理，压力没有加重，但是你一直背着它不肯放下，时间越久，压力越大，最终会把人压垮，所以这里面有一个重要的问题，那就是休息，放下压力，歇歇，然后接着走。放松休息最重要，金属都有疲劳的现象，何况人呀！人的精力是有限的，在疲惫的状态下工作，只能使你更加疲惫，该休息时必须休息，养精蓄锐效率更高。”

是的，我们应该调节自己，生活、工作都应张弛有度，才可能使自己保持清醒的头脑、睿智的智慧、强壮的身体。

四、不吃后悔药

有些人总是在后悔，为过去的事情叹息，为过去的事情自责，可是世上没有后悔药，他们的懊悔除了使自己情绪低落，意志消沉，增添明日生活的压力外，没有任何好处。

总结失去的时光，探寻生活的经验，发现并认识过去的不足，未尝不可，在某种程度上说是明智的选择，因为它可以成为一个人进步的新起点。但是，如果总是叹息、懊悔或牢骚满腹，那么只能消耗今日的光阴，延续昔日的损失。

懊悔不能改变过去，过去如落花流水永远不会回头，懊悔何益？一个真正的有志之士应该掸去昨日的灰尘，挺起胸膛迎接新的生活，他相信“前面就是阳关道”，以自信、自尊、自强的人生态度继续前行。

自信，就是信任自己。自信一旦融入个人文化，便是自信心。一个有自信心的人，在纷纭复杂的事物面前，能够坚定、冷静、审慎、细致、不慌乱、不盲从，敢于实事求是地进行科学分析，从而会有正确的态度和方法。因此，我们应该正确地认识自我的价值，相信自己在社会生活中能展现自身的价值。无论过去怎样，无论现在年龄几何，你都可以从现在起树立自信，爱我所爱，求我所求，为我当为，无愧于己，无愧于人生，无愧于社会。

自尊，是自我尊重并希望被人尊重的心理状态，是人们要求保持人格尊严的心理需要。有些人喜欢留恋过去，为自己碌碌无为而懊悔，重要的原因就是缺乏自尊心。因为他们不是采取心理的或实际的方法去对失去的东西加以补偿，而是以偏概全，自暴自弃，破罐子破摔，就这么混下去，由此而变得消沉、颓废。这是极端错误的选择。只有找寻到恢复自己的自尊，才能展现真正的自我。让我们保持自尊心吧，它是促人奋发向上的动力，激励人遭逆境而奋起，遇挫折而振作，虽失败不气馁，战困难，敢拼搏。

自强，就是自我激发，一往无前。往昔淡然消逝，但未来路途还长。无论道路多么曲折，无论困难多么巨大，但是只要我们发愤图强，对社会尽到自己的责任，就能有所作为，任何压力都会在我们健康而又高尚的精神中消失。

懊悔是懦夫的叹息，是心理压力的乌云，用我们的理智将它彻底消灭吧！

五、把握现在，不为明天埋单

不要感叹自身的能力，不要抱怨环境的糟糕，不要埋怨条件的限制……那些是我们人为地为自己施加的压力。好好看看现在吧，我们生活在“现在”里。实现自己的人生目标，就得踏踏实实地把“现在”的事情一件一件做好。

我们不能选择“现在”，无论我们情愿不情愿我们已置身在“现在”，但我们可以改造“现在”，为“现在”的美好尽我们的绵薄之力。认识到这一点，环境、条件、人缘、能力等造成的压力就会烟消云散。

生活错综复杂，道路艰难曲折。政治上的打击、家庭中的不幸、身体上的病残、心灵上的创伤、经济上的拮据、情感上的波澜只能打击那些不会排解压力的人。而智慧的人，笑面这些压力，在顺境中自强不息，在逆境中转危为安。

她是一个车祸的受害者，下肢瘫痪却坐不起轮椅，是同学们背着她读完了高中，但是她因身体原因不能上大学。她是多么热爱学习呀，多么希望在大学里继续学习呀……她擦干眼泪，自强不息。她相信“条条道路通罗马”，一边在街办工厂打工，一边到夜大旁听（常常是坐在走道的窗户边）得到了中医理疗专业的大专毕业证书。接着，她跟着老中医学技能又是三年。然后，她考取职业资格证。可是，没有哪家医疗机构录用她。她顶着经济压力和不被大家接受的压力，借款开办了一家小诊所。在没有人求治的情况下，她决定免费施诊，以此宣传自己。她的努力和心血最终获得了收获，年收十万、二十万递增，后来开办了一家较大的专业医院，年收入五十万元以上……她将这些收入的五分之四作为慈善基金。可是，家人、亲友都不理解，抱怨、央求，她依然坚守初衷。

她靠什么在排解压力？是希望，是对生活的热爱，是对社会的感恩。她凭什么顶住压力？是自信，是自强不息的精神。

六、量力而行，不要勉强自己

力之不济，犹如蚍蜉撼大树。力不从心，倾力也无用。只有量力而行，才是客观的，实事求是的。

有这样一个寓言，老鹰从高高的空中向下俯冲，用它尖利的爪子捕到小羊。穴鸟在一旁看到了这一幕，心想自己一定比老鹰强，于是，学着老鹰的样子飞到小羊身上。没想到，穴鸟的脚爪子被小羊的毛给缠住了，怎么也拔不出来。牧羊人发现了这只穴鸟，并把穴鸟的脚爪尖剪掉，带回家给孩子们玩了。孩子们很好奇地询问这是一只什么鸟，牧羊人说："据我所知，这是穴鸟，但是它以为自己是老鹰。"

勉强而为，压力就会接踵而至。例如，因为是上司委托的事情就应允，可是自己根本就没有解决门路，这样心理必定陡然增添了压力，左右为难又无所适从。既耽误了事情的进程，也会让上司对你产生办事不力的印象。所以作任何承诺的时候，不能只认对象，一定要清楚自身的能量。限于能力，无论如何努力都做不到的事，也应拒绝。但是这有一个前提，即是否真的做不到，应该确实地衡量一下，切不可因怀有恐惧心而不敢接受。

七、谨言慎行

有些人有了权势就飘飘然，以权谋私，借势压人，愚弄良善，来满足自己的虚荣，获得私心膨胀的快感。

出现上面的状况，也是压力所致。那些人的价值观就定位在自我满足上，得不到满足就有巨大的压力，只有满足了私欲，压力才排解。

有一次，蒋纬国作为装甲兵少校驻防徐州。一天，乘火车去南京执行公务，订了一张卧铺下铺票。走进车厢，他把随身携带的手枪挂在床头，就在铺上躺了下来。随后，进来了一位少将，他的铺位恰在蒋纬国的上面。少将一看下铺是个少校，便说："起来，起来，上铺睡去。"蒋纬国是德国军校毕业，十分注重军纪。一听将军发话立即起身，两脚"啪"的一声并拢立正，行了一个军礼，并以"是"作答。之后，便爬上了上铺。

将军躺下，发现蒋纬国那把挂在床头的手枪，便随手取了过来。一看，那是一件金属雕塑一般的艺术作品，顿时爱慕不已。他躺在下铺对上铺说："我说少校，你要这小玩意有啥用？不如咱们换一换吧。"说着掏出他随身携带的一把大手枪。

话音刚落，蒋纬国敏捷地从上铺跳到地上，两脚"啪"的一声并拢，又立正行了一个军礼，之后，他面有难色却恭敬作答："报告长官，我本当服从命令却又不敢服从。"

将军问："此话怎讲？"

少校答："德国特制手抢两把赠与家父，家父把其中的一把赠给了我。"

将军问："另一把在哪里？"

少校答："另一把为家父所爱，珍藏在他的身边。"

将军问："令尊何人？"

少校答："报告长官，家父乃蒋委员长。"

将军一听，"哗"的一声从铺上翻身起来。什么话也没说，悄悄走出房间，再也没有返回他的下铺来。

蒋纬国是一个老实人，他没有依仗父亲的权势和上司顶撞；但是对于上司的不合理要求，他没有唯唯诺诺，而是巧妙地"透露"自己的身份，让对方知难而退，这种做法可以说是比较妥帖的，同时也彰显了个人品行。

少将就是前面提到的那种人，欺善怕横。实在可鄙。

八、用幽默化解不良情绪

幽默的好处数不胜数。幽默能使尴尬变为融洽，化干戈为玉帛。家庭中有了幽默，便有了欢乐和幸福；朋友间有了幽默，即便有了误会，也会握手言和。幽默是缓解紧张气氛的“负离子”，幽默是人际关系的润滑剂，拥有幽默，也就有了消除压力、调节自我心理的有力武器。

具有幽默感的人，常会给人带来欢乐，可以在短期内缩短人际交往的距离，赢得对方的好感和信赖。还能通过幽默的技巧消除敌意，缓解摩擦，防止矛盾升级。而缺乏幽默感的人，会在一定程度上影响交往，因为人际关系的失调而增大压力。

具有幽默感的人，总是能保持良好的心态，取得成就。没有幽默感，在沉闷的工作中压力会无形积累。

幽默能使人在困难面前表现得更为乐观、豁达。面对困难也会轻松自如；而缺乏幽默感的人，只能默默承受痛苦，甚至难以解脱，这无疑增加了自己的心理负担。

有位年轻人，在一次行车中，被一辆卡车撞上，他很机灵地就地打滚，逃过劫难。他忍着伤痛，一面查看那辆崭新摩托车被撞后的残骸，一面对围观的人说：“唉，我以前总说，有一天能有一辆摩托车就好了。现在我真有了一辆车，而且真的只有一天。”旁边有人小声议论说：“这人有毛病吧，这样了，他还笑得出来！”他听见了，走过去哈哈大笑，指着撞烂的摩托说：“你们看，这个铁家伙的运气比我差多了，我能不笑吗？”对这个年轻人来说，车被撞已无可挽回，但他并没有看得很重，而是利用幽默的力量，减轻了自身的痛苦和不愉快。

显而易见，人们具有幽默感，有助于身心健康。因此，要善于培养幽默感，如有机会可参加专门的幽默训练，但更重要的还是从自我心理修养和锻炼出发来提高自己。

九、只有想不到，没有做不到

无论生活给我们带来什么，不管命运把我们抛向何方，我们都应该泰然处之，憧憬美好未来来支撑自己的行为。

文化名人萧伯纳有一段逸事。

小时候他非常怯懦，有一次，他来到校长室门前，想敲门进去，可手刚刚举起又放了下来，他犹豫了一阵，还是由门前走了过去。没走几步，他又折了回来，并在心中暗暗下着决心：这次一定要进去！可是，事到临头，他又失去了勇气。就这样，他在校长室门前徘徊了三十多分钟，最后才鼓足勇气敲响了校长室的门。

为了克服这种怯懦，他真不知他煞费了多少苦心！“我说这话，人家会笑话我吧？”“该不会有人以为我在出风头吧？”诸如此类的担心无时无刻不在支配着他，可他又十分清楚，自己的这种怯懦将会扼杀多少构想！他想用自己的笔抒发胸怀。因此，他下决心要从怯懦中自拔出来。

首先，他试着在众人面前讲话。起初，腿肚子都直打哆嗦，而后，他便有意识地摆出一副自信的样子不断延长自己的讲话时间。他由怯懦中一步步走出来，终于成为具有坚定信念和充满自信的人。

萧伯纳用希望鼓舞自己，他相信自己行，并努力付诸实践，终于化压力为动力，可喜可贺。无数事实证明，没有什么做不到的。而大多数人也表现出怯懦，与萧伯纳的少年时代十分相似！怕羞、谦卑、多虑、爱面子、怕人耻笑而作罢，不越雷池一步，结果，在压力中饱受折磨，把自己美好时光葬送。

十、心静自然凉

情绪影响压力，压力又作用于情绪。人的感情在环境刺激的影响下，具有多度性和两极性的特点。每一种感情都具有与之相对立的情感，如爱与恨、欢乐与忧愁等。在特定背景的心理活动过程中，感情的程度越高，那么出现的“心理斜坡”就越大，因此也就很容易往相反的情绪状态转变。

想要摆脱这种“心理摇摆效应”所带来的不良情绪的侵袭，首先就要纠正一些思想认识的错误理解。有些人由于希望永远生活在激情、浪漫、欢乐等理想的境界里面，所以对上述的平凡生活是心存不满之意，他们的心境自然也就会因生活场景的变化而随之波动。

当某种心理失衡状态持续到一定程度的时候，要控制住自己的情绪，把愤怒、焦躁、颓唐、自卑的情绪都清理干净，待到心情平静下来，仔细反省一番，问问使自己失衡的各类情况，自己是否客观处置。

是否经常与朋友谈天说笑以解除自己的工作压力？

是否积极参加有益的社会活动，开阔胸怀，拓展人缘？

是否注意休息，参加健康有益的娱乐活动？

是否把精力集中到当前的实际情况上，不去想入非非？

是否在面临困难时能冷静看待，沉着应对？

是否有坚定不移的信心？

是否原谅自己曾经的过失？

……

如此清理一番，剔除杂质，吸取营养，继续前行。这样，才能在日常生活中、工作学习中、人际交往中，面对各种问题，从感觉失衡中走出来，摆脱压力，使自己的生活幸福、学习进步、工作顺利、人际关系融洽。

十一、对着生活微笑

笑是良药。笑一笑，十年少。一笑解千愁。

生活得轻松和愉悦就有笑，心情愉快才会笑，心理健康才能笑。

有了压力怎么办？用微笑来化解。微笑能使自己放松，微笑能让自己开心，微笑能让心情平静。

清朝中期有位知府，整天情绪低落，愁眉苦脸，郁郁寡欢，食不甘味，睡觉更不安神。日子一长，病情越来越重，日渐憔悴，一副弱不禁风的样子。家人到处求医，疗效甚微。一天，他属下的知县请到了当地一位高明的老郎中，上门诊病。老郎中为知府太爷把脉之后，一本正经地说："你怎么得了这种怪病？你月经不调啊。"知府太爷听了笑了起来，笑而不止，前仰后合，说："你什么名医，完全胡说八道。"便把郎中逐出。后来，这知府大人狠训了县太爷，逢人便讲此事，每次都笑声不止。谁知没多久，他的病竟好了。这时他恍然大悟，这是郎中的绝妙之处。老郎中听县太爷说过知府的情况，断定他是无意中得罪了朝中的一品大员而忧心忡忡。于是就出了此招。

学会微笑吧，它可以传达对别人的信任，也表达了让别人相信自己的意愿。每天对自己一笑，能给自己一分轻松，一分自信，让自己保有良好的心态。

在紧张的气氛中，在紧张的状态下，微笑一下，就可以慢慢平静下来。微笑是非常富有感染力的表情，它证明你内心不带虚饰，自然而然流露喜悦，而且你这种快乐的情绪还会像阳光那样，给别人带来温暖，给他人留下一个良好的印象。

微笑是一种生活态度，更是我们可以奉行的处世法则。它可以让我们的苦恼在不知不觉中消解，它可以消除敌手和同事天然或潜在的紧张对峙，它是一种令人会意的情感，它更是迎接新的挑战的最好的宣示。微笑在现实生活中就是一种万能的润滑剂。

我们应该微笑着面对生活。生活仿佛一面镜子，你冲它笑它就对你笑，你冲它哭它就冲你哭。是哭是笑，取决于你怎样面对它。如果你愿意去寻求人生的智慧，培养良好的心态，勇敢面对这个世界的一切，那么，就得微笑。

当自己感觉苦闷、忧愁而又难以摆脱时，就想想还有比我更痛苦的人，我与之相比，幸运得多!

多和情绪乐观的朋友交往。你即使心有不快，在他们的感染下，你的心胸也能慢慢开朗起来。

多看些多听些欢快的电视节目，郁闷的压力就会一扫而光。

把心中的不快说出来，给心灵减压，并从别人的建议和劝诫中释疑解惑，获得好心情。

静下心来回忆曾经高兴的事，想象将要按照自己意愿实现的情景。

微笑是简单实用的好办法，拥有它便可轻松减压，永远愉快。

十二、宽容，他好你也好

我们常在生活中遇到不开心的事，而那些不开心多数是因为别人的过失造成的，那种拿别人的错误惩罚自己的做法，实在很不明智。

相传古代有位老禅师，一日晚在禅院里散步，突见墙角边有一张椅子，他一看便知有位出家人违犯寺规越墙出去溜达了。老禅师也不声张，走到墙边，移开椅子，就地而蹲。少顷，果真有一小和尚翻墙，黑暗中踩着老禅师的背脊跳进了院子。当他双脚着地时，才发觉刚才踏的不是椅子，而是自己的师父。小和尚顿时惊慌失措，张口结舌。但出乎小和尚意料的是师父并没有厉声责备他，只是以平静的语调说：

“夜深天凉，快去多穿一件衣服。”

老禅师宽容了他的弟子。他知道，宽容是一种无声的教育。

宽容，对于改善人际关系和身心健康都是有益的。有了宽容的心，能对亲友或别人在生活、工作、学习中的过失、过错适当地忽略，有效地防止事态扩大而加剧矛盾，避免产生严重后果。事实证明，不会宽容别人，便会殃及自身。过于苛求别人或苛求自己的人，必定处于紧张的心理状态之中，压力会让你十分难受。

宽容，也可以用于自己的敌人、仇家、对手。在非原则的问题上，退一步海阔天空，化干戈为玉帛。现实生活之路，纷纷攘攘，难免有碰撞，所以即使心地最和善的人也难免有伤害别人之举，我们要得到别人宽容，也要宽容别人。如果冤冤相报，自己压力大，别人也不快活。

宽容是一种博大，它能包容人世间的喜怒哀乐；宽容是一种境界，它能使人跃上大方磊落的台阶。只有宽容，才能“愈合”不愉快的创伤；只有宽容，才能消除人为的紧张。

具有宽容的心，意味着你不会再患得患失。宽容也包括宽容自己。自己有了过失，亦不必灰心丧气，一蹶不振，同样也应该宽容和接纳自己，并努力从中吸取教训，引以为戒，取人之长，补己之短，重新扬起工作和生活的风帆。宽容地对待自己，可以心平气和地工作、生活。这种心境是充实自己的良好状态。充实自己很重要，只有有准备的人，才能在机遇到来之时不留下失之交臂的遗憾。

俗语有“宰相肚里能撑船”之说。古人与人为善之美、修身立德的谆谆教诲警示世人，一个人若胆量大，性格豁达方能纵横驰骋，若纠缠于无谓之争，不但有失儒雅，而且终日郁郁寡欢，神魂不定。唯有对世事时时心平气和、宽容大度，才能处处和谐圆满。

宽容，意味着你有良好的心理素质。宽容，对人对己都可成为一种无须投资便能获得的“精神补品”。

学会宽容不仅有益于身心健康，保持家庭和睦、婚姻美满。因此，在日常生活中，无论对子女、对配偶、对老人、对学生、对领导、对同事、对顾客、对病人，都要有一颗宽容的爱心。宽容，它往往折射出为人处世的经验，待人的艺术，良好的涵养。学会宽容，需要自己吸收多方面的“营养”，需要自己时常把视线集中在完善自身的精神结构和心理素质上。

宽容决不是无原则的宽大无边，而是建立在自信、助人和有益于社会基础上的。真正的宽容，不是纵容。别人有过失，能以适当的方法给予批评和帮助，便可避免大错。

十三、原谅自己的过错

人都会犯错误，但对待错误的态度各有不同，这种态度常常显示一个人的品格。

卢梭小时候，家里很穷，为求生计，只好到一个伯爵家去当小用人。伯爵家的一个侍女有条漂亮的小丝带，很讨人喜爱。一天，趁没人的时候，卢梭从侍女床头拿走小丝带，跑到院里玩赏起来。

正在这时候，有个仆人从他身后走过，发现了卢梭手上的小丝带，立刻报告了伯爵。伯爵大为恼火，就把卢梭叫到身旁，厉声追问起来。卢梭紧张极了，心想，如果承认小丝带是自己拿的，那他一定会被辞退。以后再找工作，可就更难了。他结巴了好大一会儿，最后撒了个谎，说小丝带是小厨娘玛丽偷给他的。伯爵半信半疑，就让玛丽过来对质。善良、老实的玛丽一听这事，脑瓜子顿时蒙了，一边流泪，一边说："不是我，决不是我。"可卢梭却死死咬住了玛丽，并把事情的"经过"编造得有鼻子有眼。

这下子，伯爵更恼火了，索性将卢梭和玛丽同时辞退了。当两人离开伯爵家时，一位长者意味深长地说："你们之中必有一个是无辜的，说谎的人一定会受到良心的惩罚！"

果然，这件事给卢梭带来终身的痛苦。四十年后，他在自传《忏悔录》中坦白说："这种沉重的负担一直压在我的良心上促使我决心撰写这部《忏悔录》。"

"这种残酷的回忆，常常使我苦恼，在我苦恼得睡不着的时候，便看到这个可怜的姑娘前来谴责我的罪行。"

可以看出，卢梭长期背负着心理压力，为他不懂事时犯下的错误深深忏悔。把内心的悔恨说出来，一定得说出来，说出来利于自己痛改前非。但是,不可将曾经的过失当做宝贝似的念念不忘。为曾经的过错长期不能释怀，是弱者的表现，也是愚蠢的做法。过去的已经消失，就让我们的过错随着岁月的流逝而流逝吧，何必再去记起！千万不要用自己的错误永远地惩罚自己，也不要用过去的错误不断地折磨自己。

十四、把责任写在人生的旗帜上

有人把责任当负担，有人把责任当义务，有人把责任当天职。

有一个小故事，战乱年代，人们背着大包、小包携儿带女地到处逃难。有一个财主，他背着一个大大的包袱，里面装的全是金银财宝，却把妻儿老母全都给抛弃了。路上他遇到一个妇人，背上背着一个孩子，累得满头大汗，便耻笑她说："你真傻啊，孩子能管吃管喝啊？你带着他们根本就是累赘。"妇人很生气地瞪了他一眼："我背的才不是累赘，那是我的儿子，不像你没有良心，把妻儿老母抛弃了。"

责任是人生的旗帜。从某种意义上说，孩子和包袱都是有重量的，人背着会感觉到沉重，但是一个是温暖的亲情，另一个却是冰冷的物质，两者大不相同。责任不能当做包袱，当做包袱等于是背负了压力。那位母亲是责任心极强的人，那是发自内心的真爱，爱是一种无私的付出，更是一种莫大的欣慰。心中有爱，才会有责任感，才会去奉献和报答；心中无爱，自会逃避责任与义务，生命因为付出才会真正的快乐。

十五、用善良温暖人生

能与人为善的人是心胸开阔的人。与人为善的人能以平和的心态接受生活带来的一切，无论它是善是恶，是美是丑。那么一切所谓的压力，就不是什么压力了。

与人为善应避免求多舍少。俗话说“知足者常乐”，老是抱怨自己吃亏的人，的确很难愉快起来。一旦想要的东西没有得到，心里就很不痛快，怨天尤人，更别说与人为善了。整天与别人计较所得所失，心理怎么会平衡?对得失听之任之，给多少也不在意的人心情才比较稳定。对别人能广施仁慈之心，包括不相识的路人遭遇困难时也能慷慨解囊，毫不吝啬的人很少出现烦心事。

人与人之间难免有争吵、有纠葛。只要不是原则性问题，就不妨“糊涂”一点。不要“得理不让人，无理争三分”，更不要因一些鸡毛蒜皮的小事争得脸红脖子粗而伤了和气。

一个能够不断地独善其身并兼善天下的人，必然是因他明白人生的意义，那种精神不是金钱、名誉、夸奖所能比的。拥有服务精神的人生是无价的，如果人人都效法，这个世界定然会比今天更美好。

十六、有舍才有得

世界上充满了美好而诱人的东西，有的可以得到，有的根本就不属于你，如果你非要强求，只会凭空增加压力，让自己痛苦。

森林里有只猴子，有一天，它出去散步，在路边发现有个笼子里放着一个大苹果，那苹果水灵、鲜红、清香诱人，让它垂涎三尺，于是它激动地跑过去。从栅栏的缝里伸进手一把把苹果抓住，可是栅栏缝隙太小，手里抓了苹果，可怎么也取不出来，这时，设下陷阱的老农准备把猴子抓住，猴子也发现了，它既想逃跑，又舍不得苹果，手卡在笼子里取不出来，终于被老农抓住放进笼子里。笼子里，那只猴子抱着苹果痛哭流涕，老农拍拍笼子笑它说："傻猴，刚才你要是放下苹果，不就很轻松地跑掉了吗？不懂得放弃，反而让自己身陷囹圄，现在你想跑也跑不了了！"

世界物产丰富，金银成山，谁也没有本事得到全部。为人不能太贪婪，什么都想得到，什么都想要，最终可能是什么都得不到，即使得到了许多，毕竟没有获取全部，内心也不可能真正快乐，因为心里总在惦记着没有得到的那些，总会为那些筹划。但是谁又能占尽世间所有呢？我们必须学会放弃，放弃那些自己没有能力得到的，忘却那些想得而没有得到的。

十七、遗忘是种大智慧

要想生活愉快，要想顺利实现目标，必须学会积极地遗忘，遗忘已经过去的一切，特别是干扰自己心情和事业的所有事情，都可以遗忘，把主要精力集中到"现在"，集中到"今天"，这样压力就会自然地消减许多。

1. 遗忘幸福

曾经的幸福不能保值增值，曾经的幸福不可能自然生长，沉浸在曾经的幸福中，流连于曾经的幸福里，有可能消磨今日的斗志，有可能使自己自满自足。这种特别的阻力也是压力，只不过变形了而已。忘掉它，一心一意为今天的幸福努力奋斗。

2. 遗忘名利

遗忘了名利,活得更加潇洒。得到了,莫沾沾自喜,失去了也别自怨自艾。

顺其自然，得失不放心上，压力何以奈之?

3. 遗忘怨恨

一个人种下怨恨的种子，就想报复，甚至千方百计琢磨报复的方法、时机，使人一生不得安宁。忘掉怨恨就心平气和。宽容处事，仁善待人。别人快乐，自己幸福。

4. 遗忘悲痛

忘却了悲痛，就能从伤心中解脱。如亲人遇到天灾人祸或死亡，常使人沉浸在悲痛之中不能自拔，时间过长就会损害人的身心健康，增加身体和心理压力。因而遇到此类事时应想开一些，保留对亲人的爱，但也要从中解脱，唯有你健康幸福，亲人们才能心安。

5. 遗忘烦忧

想得开，忘得快。烦躁或者气愤只能伤身误事，别无他益。忧愁生病，一生多愁善感会导致多种疾病缠身，很可能让病魔危害生命。

6. 遗忘悔恨

过去的已过去，昨日的事都随着岁月流逝而成历史，应该提得起，放得下，总去想追悔莫及的事情，只能伤心伤神。

7. 遗忘病痛

人得了病多数被疾病困扰，总想身上的病，甚至担心日子不多，这样反而使病情加重。因为精神专注于病，会使免疫力下降。得了病，应泰然处之，在积极治疗的同时，应从精神上战胜疾病，生活中有太多利用自己坚强乐观的精神战胜病魔的例子。

8. 遗忘年龄

保持旺盛活力。人的生理年龄是客观的，但心理年龄则不同，它反映了人的精神状态。“人不思老，老将不至”，自己永远都年轻。

总之，要遗忘一切不需要记起的往事，珍惜自己所拥有的一切，过好现在就一定生活得快乐无比。

十八、忍让三分又何妨

测测你是要强的人吗？回答下列情况是否符合你的情况。

1. 与人相处时，我总是尽力让他对我产生深刻的印象。

2. 我很少或从未寻求过别人的帮助。

3. 我不顾一切地要获得成功。

4. 别人受到打击时，我会不自觉地感到有点幸灾乐祸。

5. 我经常会对别人讲起自己现在和过去的成就。

6. 绝大多数人认为我是一个勤劳的员工。

7. 我很少发自内心地祝贺别人的成功。

8. 我热衷于几乎每一项竞争性活动。

9. 为了让别人知道我在关注他，我经常会指出他犯的一些小错误。

10. 我跟别人的关系仿佛是一场计分的比赛。

11. 如果我没赢，有很长时间会感到比别人更痛苦。

12. 我很少暴露自己的弱点。

13. 有些人认为我喜欢打击他。

如果有十个或以上的“是”，说明你确实是一个好强的人。

好强对于自我激励，奋发而起大有裨益，他可以使人在竞争中克服惰性，减轻压力。因为感情脆弱或者情绪压抑，会引起消沉，精神变态，甚至出现犯罪，对人的成功极其不利。但好强要适度，合理地控制自己的竞争心理，将它保持在一定的范围内，不要逞强。

从胡韵格到职任副经理的第一天开始，刘绩刚就对他十分反感。他虽然也享受着副经理的待遇，但他不愿意在往上爬的路上多一个强劲的对手。

他敏锐地感到学历高、经验丰富的胡个人能力很强。刘要消除那个巨大的威胁。于是，他便利用在公司的老资格，经常在老板面前说胡的好话，而且说要向胡学习。结果，老板一了解，胡所谓的业绩均系空穴来风，因此对胡产生了不信任的看法。胡知道了这些，尽管心中十分生气，但很有涵养的他并没有与刘发生正面冲突，也没有到老板面前解释。按部就班地工作，巧妙通过其他路径慢慢地澄清那些莫须有罪名。尽管刘本人和他的好友处处为难，胡也一一化解。日子久了，老板开始怀疑刘的为人。刘为了表现自己，总是在公司搞一些较大的动作，结果收效甚微……一年过去，胡被提拔为常务副总，刘被降职。刘落得如此下场，完全是由于他逞强所致。

逞强的人都好胜，不甘人后；完美主义，对自己要求严格；不满足现状，老是感到没达到自己的要求；不允许自己失败，将失败看成无能的表现和惩罚；自信，将竞争胜利当做实现自我价值的唯一途径。所以，有这种心理的人表现出极度的争强好胜，但遇到挫折或失败时特别容易发怒，遇到威胁时沉不住气，无论自身能力如何，都想急于摆脱压力。后果可想而知，超越能力去做事，只能适得其反。逞强好胜的心理，必须调整、清理。

真正意义上的竞争是与自己竞争，是向自己的能力挑战并最终取胜，而不是向别人挑战。自己和自己比，自己的今天和自己的昨天比，看到自己的进步，适时地给自己制订人生计划，通过自己的努力来实现既定目标，不要把立足点放在别人的身上，否则就是严重地偏离方向。

每个人都会碰到各种各样的不如意，失败是每个人都在所难免的事情，伟人只不过是善于总结失败经验，逐步取得了成功。所以不必把失败看得特别严重，更不要有那种“只许成功不许失败”的想法，把失败当成一个学习的机会。失败会带来焦虑和沮丧，在挫折面前应该理智，自觉进行情绪调控，摆脱负性情绪，迅速转移心境，可以参与文体活动宣泄心理压力。

不要过高地估计自己。对自己要有一个客观的、恰如其分的评估，努力缩小理想的我与现实的我的差距。在制订目标时，既不好高骛远，又不妄自菲薄，要把长远目标和近期目标有机地统一起来，脚踏实地，一步一个脚印做起，有助于理想的最终实现。

一个人的需求、兴趣和才能是多方面的。“一条道走到黑”的思维方式不见得可取。科学地转移能增加竞争中成功的概率，减少挫折感。

在竞争中取胜，并不是生活中快乐的唯一源泉。家人的关心和爱，孩子的欢声笑语，平静安详的生活，都是快乐。要学会转换思维，不要把职场上的拼杀当成唯一的快乐。

看淡结果的得与失，那么你的心会因着这份平和而充满着宁静和宽容，这样，在面对你的竞争对手的时候，你可以微笑着迎接挑战。

十九、我的生活我做主

解决压力问题，不要指望别人，希望只能寄托在自己的身上，自己的生活自己主宰。假如指望别人，你就会不断地强调客观条件，一旦条件不满足，必生抱怨之情，压力更加严重。

每一时代都有属于这一时代的伟人，生逢其时的自是首当其冲。但并非每位英雄都生逢其时，遇时良多，生逢其时而不能善用者亦是数不胜数。由于并非时时都有所机遇，很多人被机遇耽误。而智慧的卓越在于它的永恒，拥有智慧之人不是在这一时代发光夺目，便是在将来得势，不是在这个岗位闪光，就是在那个位子发热，总会有属于他的世界作为其归属。

万物皆有其规律性，对有才有智的人而言，并非事事要倚赖机遇。个人的努力永远是自己命运的决定性因素。有些人坐等好运降临，坐享其成；有人则是勇往直前，凭借勇气与美德，运用过人的胆识和锐利的眼力，与运气周旋迎合，灵活通达，使其发挥最大的功效，最终得偿所愿。

咨询师处方："呼"出压力

一、深呼吸

虽然人人都在不停地呼吸，都知道呼吸对于维持生命的必要性，但却不一定知道某些特定的呼吸方法，还有解除精神紧张、压抑、焦虑、急躁和疲劳的功效。

1. 深呼吸基础练习

最简单且快速地照顾自己的有效方法，就是深呼吸。当人们面对压力时，身体的直接反应是肌肉紧缩，呼吸变得快而浅。结果你很有可能无法正确地思考问题。要停止这种面对压力的反应，最简单的方法之一，就是慢慢地深呼吸（缓慢深长的呼吸方式）——与我们身处压力时相反的呼吸方式。一套简短的深呼吸练习，会使你重新精力充沛，思想集中。这听起来很简单，实际上也是；然而，大多数人平常并不会这么做。所以，了解深呼吸的机制，以及它如何帮助人们放松，应该会对你有所帮助。

对成年人而言，深呼吸通常并非自然发生的。如果你观察小婴儿，他们呼吸起伏的区域是位于胸腔以下，而大多数成年人的呼吸起伏区域则是在胸腔，这是比较浅的呼吸，因此每次呼吸吸入的氧气较少。这造成的结果是，血液被迫以较快的速度流通，才能使大脑及其他器官得到足够的氧气。高血压就是这样形成的。

花点时间，好好观察自己是如何呼吸的。你是运用哪个部位呼吸？呼吸的速度如何？深度如何？正确的呼吸方法与大多数人的呼吸方式大不相同，然而，正确的呼吸是非常容易做到的。

将手放在你的腹部，当然，你要放松腹部肌肉。现在，用鼻子深深地吸一口气。你感受空气进入体内，直抵丹田，到达横膈膜，充满你的胸腔——就像倒一杯水一样，如果你能感受到空气进入胃里，就说明横膈膜肌已经放松。这意味着你的肺已经充分扩张，你已经吸入了最大肺活量的空气。停顿片刻，然后通过嘴将气体呼出，吐气时，就像将水倒出。当你吸气时，试着数到五，心里想着“吸气”、“放松”；当你吐气时，也试着数到五，心里想着“吐气”、“冷静”。反复练习，直到每次吸气与吐气都能数到十。

完整的呼吸是需要练习的，你对这种呼吸可能开始感到不适应，但是很快就会成为正常的呼吸方式。如果你不能把气流送到腹部，以下做法对你可能会有帮助：同时把两只手按压在腹部或把一本中等重量的书籍放在腹部。这两种方法不仅会提高你的意识，而且会促使你运用腹部肌肉。

学会了好好呼吸，可以为你带来很多好处，甚至多次拯救你的事业。例如，在发言前，至少会先做五次深呼吸，这么做之后，就比较不会受到周围环境的干扰。也许学会这么做之前，你常会大吼大叫，这令你十分困扰，对周围的人也没什么帮助，你也很少能达到目标。现在的你几乎总是能完成自己的愿望，在努力追求的过程中，也能好好地放松自己。

2. 压力情境中的深呼吸

为了更好地完成在压力情境中的深呼吸练习，你要准备两个情境。这两个情境中的压力能够导致中等程度的愤怒反应（而不是极端的愤怒反应）。其中一个是你工作环境中的情境，另一个是你家庭环境中的情境。把每个情境至少分成三个部分。每个部分的结尾是一个提醒自己进行深呼吸的暗示。现在，请你想象这些情境，进行深呼吸技术的实践练习。你每次只能练习一个部分，在该部分的结尾处，做一个深深的腹式呼吸。

当你想象该情境时，将深呼吸对你的紧张水平所产生的影响记录下来。

对第一个中等压力情境练习两至三次。在你继续进入第二个情境的练习时，你不用进行深呼吸，立即对它进行想象即可。想象时，你要进入一种身临其境的感觉，要“真正地进入”该情境，尽量使想象的情境像真的一样。在完成想象之后，将自己的压力水平记录下来。

接下来，至少再对该情境想象两次，但是，在这几次想象中，你要在每个部分的结尾处做一个深深的腹式呼吸。你很可能会看到，当你在想象情境中进行深呼吸时，你的压力水平会有所降低。

在压力情境中,你也可以利用一种叫“无紧张放松”的技术来消除紧张。请再次回顾一下顺次放松技术的步骤。但这次当你关注某块肌肉群时，你只需要注意该身体部位的任何紧张即可，然后深吸一口气。呼气时，你让自己放松下来，让所有的紧张随之而去。

像以前一样，从下肢开始，把脚趾伸直，然后缓慢地将脚趾朝上转动。注意体会任何紧张，深吸一口气。在呼气时，让自己放松下来，将所有的紧张挥去。

现在，进行臀部的训练。也是一样的，你只需注意紧张（如果有的话）即可，然后深吸一口气。在呼气时放松。

接下来是胸肌和腹肌。注意，吸气，呼气，放松。

弓起背，但不要把它绷紧。注意背部的紧张情况。然后深吸一口气，再呼气，放松。

接下来是练习前臂和肱二头肌，你只需注意可能感受到的任何紧张即可。现在，深吸一口气，然后再呼气，放松，将所有的紧张挥去。

再接下来是颈部和肩膀。注意，吸气，呼气，放松，让紧张随之而去。

最后，把注意力转向额头，注意可能出现的紧张。再把注意力转向脸和嘴。注意那里的紧张，深吸一口气，呼气，放松。

按照以上程序至少训练五次。

3. 叹气练习

人在白天有时会叹气或打呵欠，这是氧气不足的征兆。叹气、打呵欠是机体补充氧气的方式，也能减少紧张，因此可以作为松弛的手段来练习。

站立或坐着长长地叹一口气，让空气从肺部跑出去。不要故意吸气，让空气自然地进入。重复八到十二次，体验一下松弛感。

二、行走呼吸法

走路时，你是否在思考未来的计划或是以前的某些事情？你在走路时是否留意过自己的呼吸？是否注意过自己的脚步大小？事实上很多人在走路时，都不曾注意过他们的思想、姿势、呼吸方式或脚步。

行走时，注意上述四个方面，就可以慢慢达到基础放松状态。首先，提醒自己注意呼吸方式。告诉自己："我在注意自己的呼吸方式，吸气……呼气。"然后，留意自己的姿势和脚步。你可以在任意一次行走时，练习这种简单的呼吸过程。

1. 行走时的呼吸练习

下面的练习说明了如何在行走时使自己平静下来。

（1）行走，目光稍稍向下看着自己的鼻子尖。

用鼻子吸气和呼气的同时，听一听你呼吸的声音。

注意你的呼吸声是快还是慢。

然后注意你的姿势。站得直不直，双肩是否后展，抬没抬头？或者，是否发现自己耸起了双肩？

倾听你的脚步声。

你觉得脚步声是轻柔还是沉重？描述一下你的脚步声。

（2）行走，并对自己说："我正在注意自己的呼吸方式。迈一步时，我吸气。再迈一步时，我呼气。"

（3）让自己照此再做几分钟行走体验。

继续注意你呼吸时吸气与呼气过程。

有意识地注意你的身体。

你是否更加留意自己的脚步了？

你的走路姿势有无改进？

你的呼吸声怎么样？

你觉得心情平静些了吗？

（4）记住：要以一种平静和放松的心态行走。脚步的节奏感有助于你尽快达到基础放松状态。

（5）在行走（快慢均可）过程中，做五分钟这项练习。

当你行走中集中精神倾听呼吸的声音时，你会发现比较容易达到完全放松状态。你可以随时随地做这项练习。

如果你在办公室里感到紧张，有精神压力，可以休息五分钟，在去洗手间的路上边走边做这项行走呼吸练习。觉得口渴吗？可以在喝咖啡或品茶之前练习几分钟。午餐时间也是做这项练习的好机会。下班时也可以顺便练一练这种呼吸法。随时随地都要练习这种行走呼吸法。这项简单的练习十分有效。

2. 以腹部呼吸振作法为基础的呼吸

你会发现这项练习的步骤同你刚才练习过的行走呼吸练习很相似。你只要记住，行走中当你吸气时，注意鼓出腹部；当你呼气时注意收紧腹部。简而言之，就是在吸气时想象一只气球正在充气；而呼气时想象一只气球正在放气。我们一起来试试，看你有什么改变。

（1）用鼻子呼吸，注意倾听吸气和呼气的声音，想象腹部的状态。

（2）现在将一只手放在腹部。缓慢地用鼻子深吸一口长气，同时把腹部向外鼓出，心中慢慢地从 1 数到 5（想象一只气球正在充气）。

（3）屏住呼吸，从 1 数到 5，并在心中默念五次“深吸气”。

（4）五秒钟后，缓慢地从鼻子里呼出气，呼的时候心中慢慢地从 1 数到 5，同时收紧腹部（想象一只气球在放气）。

（5）现在，把注意力集中在腹部。

开始行走，吸气时鼓出腹部（想象气球在充气）。向前迈一步，心中从 1 数到 5。

向体内吸气。

呼气时收紧腹部（想象气球在放气）。再向前迈一步，心中从 1 数到 5。

向体外呼气。

（6）记住：要以一种平静和放松的心态行走。脚步的节奏感有助于你尽快达到基础放松状态。

(7) 这个练习刚开始做的时候可能有点难。练习几次以后习惯了，就会成为你的第二天性。每天给自己留出几分钟行走锻炼的时间，而且要把注意力集中在你的腹部，并关注你的吸气和呼气过程。

(8) 看看发生了什么变化。此时你对身体的感受会容易觉察到。

你是否觉得更留心自己的脚步了？

你的走路姿势有所改进吗？

你的呼吸声怎么样？

你觉得心情平静些了吗？

在行走中，你要在关注腹部活动的同时，注意倾听呼吸的声音。你会发现自己能够更加容易地达到基础放松状态。要随时随地做五分钟这个练习。